U0395497

上海高校服务国家重大战略出版工程资助项目

挥发性有机物(VOCs)污染防治丛书

总主编　修光利

印刷业 VOCs 排放标准与减排实施技术指南

主　编　何校初

副主编　李凯骐　傅　勇

华东理工大学出版社
EAST CHINA UNIVERSITY OF SCIENCE AND TECHNOLOGY PRESS

·上海·

图书在版编目(CIP)数据

印刷业 VOCs 排放标准与减排实施技术指南 / 何校初主编;李凯骐,傅勇副主编. -- 上海:华东理工大学出版社,2024.6

(挥发性有机物(VOCs)污染防治丛书 / 修光利总主编)

ISBN 978 - 7 - 5628 - 7434 - 8

Ⅰ.①印… Ⅱ.①何… ②李… ③傅… Ⅲ.①印刷工业-挥发性有机物-空气污染控制-中国-指南 Ⅳ.①X796 - 62

中国国家版本馆 CIP 数据核字(2024)第 071979 号

内 容 提 要

本书内容涵盖了印刷行业 VOCs 的排放特征、法规要求、标准释义、源头控制、过程控制、末端治理技术以及绿色发展等多个方面。同时,本书也注重理论与实际的结合,提供了一系列操作性强的技术方案和案例分析,以便读者能够根据自身企业的具体情况选择合适的治理方法。

本书可以作为印刷企业及从事印刷相关工作的科研人员的参考用书。

项目统筹 / 马夫娇
责任编辑 / 赵子艳
责任校对 / 张 波
装帧设计 / 徐 蓉
出版发行 / 华东理工大学出版社有限公司
　　　　　　地址:上海市梅陇路 130 号,200237
　　　　　　电话:021 - 64250306
　　　　　　网址:www.ecustpress.cn
　　　　　　邮箱:zongbianban@ecustpress.cn
印　　刷 / 上海新华印刷有限公司
开　　本 / 710 mm×1000 mm　1/16
印　　张 / 12
字　　数 / 177 千字
版　　次 / 2024 年 6 月第 1 版
印　　次 / 2024 年 6 月第 1 次
定　　价 / 108.00 元

印刷业 VOCs 排放标准与减排实施技术指南
编 委 会

前 言

foreword

在印刷行业,挥发性有机物(volatile organic compounds,VOCs)的排放和管理问题一直是环境保护的重点和难点。为加强印刷行业 VOCs 排放的控制和管理,改善区域大气环境质量,促进行业工艺水平和污染治理技术的进步,国家和地方相继出台了印刷行业 VOCs 排放标准,明确了排放限值、管理要求和监测要求等。

随着环保法规和相关标准的日益严格和公众环保意识的逐渐提高,印刷企业必须采取有效措施来减少 VOCs 的排放,以实现绿色生产和可持续发展。本书旨在说明行业排放标准的相关制定情况,并以此为切入点,为印刷行业提供科学、系统的 VOCs 治理方案和技术指导,帮助企业在满足环境保护管理要求的同时,提高生产效率和经济效益。

本书内容涵盖了印刷行业 VOCs 的排放特征、法规要求、标准释义、源头控制、过程控制、末端治理技术以及绿色发展等多个方面。通过对这些关键领域的深入分析和技术介绍,旨在为印刷企业提供全面的 VOCs 治理策略和技术路径。

在本书的编写过程中,作者充分考虑了国内外的最新研究成果和实践经验,力求使本书内容具有科学性、实用性、前瞻性。同时,本书也注重理论与实际的结合,提供了一系列操作性强的技术方案和案例分析,以便读者能够根据自身企业的具体情况选择合适的治理方法。

希望本书能成为印刷企业在 VOCs 治理道路上的得力助手,为推动整个行业的绿色转型和升级贡献力量。同时,我们也期待行业通过不断的技术创新和管理改进,实现印刷行业与环境保护的和谐共生。

本书的编写得到了上海市生态环境局、华东理工大学、上海市环境监测中心、上海市印刷行业协会、上海市典型印刷行业企业的有关领导和专家的热心指导和帮助。本书部分工作得到了上海市科学技术委员会创新计划19DZ1205001 的支持,在此表示感谢。承蒙华东理工大学出版社的大力支持,得以成书,在此一并表示最诚挚的感谢!

由于水平所限,书中难免有不足之处,恳请广大读者批评指正。

编　者

2024 年 3 月

目 录

contents

第1章　印刷行业概况

1.1　印　刷　的　定　义

印刷是一种使用印版或其他方式将原稿上的图文信息转移到承印物上的工艺过程,主要包括出版物印刷和包装物印刷。

印刷技术的出现,不仅极大地推动了知识的传播和文化的发展,而且在现代社会中,它已经成为信息传播的重要方式。从书籍、杂志、报纸到日常生活中的各种包装,印刷已经渗透到我们生活中的各个角落。在知识传播方面,印刷技术使得大量的知识和信息能够被快速、准确地复制和传播,打破了地域和时间的限制,使得更多的人能够接触到前人的智慧和现代的新发现,从而推动人类社会的进步。书籍、杂志、报纸等已经成为我们获取和分享知识的重要途径。在文化发展方面,印刷技术使得各种文艺作品,如小说、诗歌、戏剧、艺术画册等,能够被大量复制和传播,使得文化可以跨越地域和族群,到达更广泛的人群,促进了各种文化的交流和融合。包装印刷不仅可以吸引消费者的注意力,增加产品的销量,还可以提供必要的产品信息,帮助消费者做出购买决定。此外,通过包装印刷,企业可以展示其品牌形象,建立品牌识别度,从而增强消费者对品牌的忠诚度。

中国的印刷历史悠久,从公元前7世纪的石刻文字,到唐朝的雕版印刷,再到宋朝的活字印刷,每一次技术的变革都推动了知识的传播和文化的发展。

印刷技术的起源可以追溯到两千多年前的中国。那时,人们开始用木片刻印章来复制文字和图像。然而,这种印刷技术的效率低下,质量也有限。真正的革命发生在唐朝时期,那时人们开始利用雕版印刷技术。

雕版印刷是将文字或图像雕刻在木板上,然后涂上油墨,再用纸张印刷。这种方法大大提升了印刷速度和质量,极大地推动了中国古代文化的传播和发展。唐朝时期,印刷技术的发展达到了一个新的高峰,印刷的书籍数量大幅增加。其中,最著名的作品之一就是《大唐西域记》。

随着时间的推移,雕版印刷逐渐被活字印刷取代。活字印刷是将单个的文字或图像制成印版,然后组合成一行,再进行印刷。宋朝时期,活字印刷技术开始广泛应用,这使得书籍的印刷和制作更加便捷和经济。到了明朝时期,活字印刷技术得到了进一步的发展,印刷的书籍数量进一步增加。

除了雕版印刷和活字印刷,还有一种被广泛应用的印刷技术,那就是版画印刷。版画印刷也是将文字或图像雕刻在木板上,但是它使用刀在木板上刻出凹槽,然后在凹槽里涂上墨水,再用纸张印刷。这种印刷方法在中国古代得到了广泛的应用,尤其是在绘画和书法领域。

然而,这些古老的印刷技术已经无法满足现代社会的需求。随着科技的飞速发展,印刷技术也在不断创新和进步。从最初的手工印刷,到现在的胶版印刷(简称胶印)、凸版印刷(简称凸印)、凹版印刷(简称凹印)、柔性版印刷(简称柔印)等多种技术,印刷技术已经实现了巨大的飞跃。

数字印刷技术是目前的主流印刷技术,它是一种无版印刷技术,可以直接将电子文件转换为印刷品。与传统印刷技术相比,数字印刷技术具有速度快、效率高、成本低的优点。目前,数字印刷技术已经被广泛应用于商业印刷、出版印刷、包装印刷、标签印刷等领域。

随着数字印刷技术的不断发展和普及,印刷行业也迎来了前所未有的机遇和挑战。数字印刷技术的出现,为印刷品的个性化、定制化、小批量生产等提供了更多的可能性。它可以更加准确地实现印刷品的质量控制和成本控制,提高印刷效率和印刷品质量。与此同时,数字印刷技术也为印刷生产线的升级和智能化提供了更多的资源和机会。

智能化印刷技术是指在印刷生产中引入计算机、人工智能、物联网等技术,实现印刷生产的智能化管理和控制。智能化印刷技术的发展可以提高印刷生产的自动化水平和生产效率,也可以提高印刷品的质量和可追溯性。

智能化印刷技术包括智能化的印刷设备、智能化的印刷管理系统、智能化的印刷品检测系统等。

在今天的印刷行业中，智能化的趋势已经非常明显。从设计到印刷，再到后期处理，每一个环节都可以通过智能化技术来实现自动化操作。例如，智能化的印刷设备可以自动调整油墨的浓度和分布，保证印刷品的质量和一致性。智能化的印刷管理系统可以实现生产计划的自动编排和生产过程的实时监控，提高生产效率。智能化的印刷品检测系统可以自动检测印刷品的质量，及时发现和解决问题。

不仅如此，人工智能和物联网技术的发展也为印刷行业带来了新的机遇。例如，人工智能可以用于印刷品的设计和颜色匹配，大大提高了设计效率和准确性。物联网技术可以实现设备的远程监控和维护，降低了运营成本。这些新技术的发展，为印刷行业的未来提供了无限的可能性。

印刷技术的历史是一部不断创新和发展的历史。从最初的石刻文字，到现在的数字印刷和智能化印刷，每一次技术的变革都在推动着知识的传播和文化的发展。而在未来，随着科技的进步，印刷技术还将继续创新和发展，为人类社会的进步做出更大的贡献。

印刷业在《国民经济行业分类》（GB/T 4754—2017）中涉及书、报刊印刷（代码为 C2311）；本册印制（代码为 C2312）；包装装潢及其他印刷（代码为 C2319）。

1.2　常规印刷的要素

常规印刷必须具备原稿、印版、印刷油墨、承印物、印刷机械五大要素。原稿是印刷品的内容，可以是文字、图像或其他视觉元素的组合。印版是将原稿转换为印刷品所使用的图像载体。印刷油墨是印刷品的颜色载体，可以是黑色的、白色的或彩色的。承印物是印刷品的材料基础，可以是纸张、纺织品、金属或塑料等。印刷机械是印刷品的生产设备，可以是平压机、凸版印刷机或数码印刷机等。虽然这些要素是常规印刷的基本要求，但是印刷技术在不断发展，未来可能会有更多的要素加入其中。

1.2.1　原稿

原稿是印刷完成图像复制过程的原始依据。原稿可以是实物或载体上的图文信息,例如手稿、摄影底片、电子文件等。若原稿种类不同,必须用不同的制版和印刷方法,以使印刷品忠于原稿,将原稿的文字、图像的色调迅速且还原度较高地大量复制。

1.2.2　印版

因原稿的类型不同或印刷目的不同,须用不同的制版方法,才能经济有效,且使原稿色调忠实再现。

印版一般有凸版、平版、凹版及孔版四类。

凸版:凸版是最常见的印版类型。凸版中的图文部分凸起,使其可以与油墨接触,而平面部分低于图文部分,不接触油墨。在印刷时,图文部分上的油墨会被转移到承印物上。由于凸版印刷的优点是生产效率高,因此其在大量印刷需求的场合中得到广泛应用。

平版:平版中的图文部分和平面部分在版面上保持同样的高度。图文部分吸收油墨排斥水分,而平面部分则吸收水分排斥油墨。在印刷时,油墨和水同时转移到承印物上,水分经过烘干后去除而只保留油墨。由于平版印刷的优点是色彩鲜艳,因此其在印刷杂志、书籍和艺术品等方面得到广泛应用。

凹版:凹版中的图文部分下陷,用于存放油墨,平面部分则是平的。平面部分必须擦掉墨迹,使其不留油墨。在印刷时,将印版加压于承印物上,使凹陷槽内的油墨接触并吸附在承印物上。由于凹版印刷的优点是精度高和清晰度高,因此其在印刷票据、商标等质量要求较高的印刷品上得到广泛应用。

孔版:孔版印刷是一种特殊的印刷方法,也称作丝网印刷(简称丝印)、网版印刷或绢印。孔版中图文部分上的油墨是从印版正面压挤透过版孔,印在版背面的承印物上。由于孔版印刷的印刷精度较低,因此其通常用于印刷服装、包装、广告等。

1.2.3　印刷油墨

印刷油墨是由作为分散相的色料和作为连续相的连接料组成的一种稳定的粗分散体系,是在印刷过程中被转移到承印物上着色的物质。它是印刷过程中不可或缺的重要物质之一,是将原稿上的图文信息转移到印刷品上的介质。印刷油墨的选择与制作,不仅关系到印刷品的色彩效果,更关系到印刷品的质量和寿命。目前,常见的印刷油墨有水性油墨、油性油墨、UV 油墨等。

印刷油墨的成分是多种多样的,不同的印刷油墨成分决定了印刷品的不同效果。印刷油墨一般由四部分混合调配而成,包括舒展剂、颜料、干燥剂和填充剂。这四种成分的比例和种类的选择会影响印刷品的颜色、光泽度、干燥速度、附着力等多个方面。因此,在印刷油墨的选择和调配过程中,需要根据印刷品的要求和使用环境,选择合适的印刷油墨,以达到最佳的印刷效果。

舒展剂: 由亚麻仁油、桐油、松香油、煤油、人造树脂等熬炼而成的溶剂,以及将树脂等溶于松节油或柏油的黏剂。它能够调整油墨的黏度和流动性,使其适合于印刷机的工作要求。舒展剂的种类和比例的选择,会影响印刷品的光泽度、附着力、干燥速度等多个方面。

颜料: 即印刷油墨染色料,分为有机颜料、无机颜料、植物颜料、矿物颜料等。它能够提供不同的色彩和印刷效果。颜料的选择取决于印刷品的类型和设计要求,如颜色、亮度、饱和度、透明度等。

干燥剂: 多用金属皂类,如锰、钴、铅、钙、铁、铜、锌、锆等,使印刷油墨在承印物上快速干燥。加快油墨的干燥速度可以避免油墨在印刷时产生模糊和污染。干燥剂的种类和比例的选择,会影响印刷品的干燥速度和印刷效果。

填充剂: 使印刷油墨浓度增加,兼有扩散作用及润滑功效,常用玉蜀黍粉、氧化镁、碳酸钙、碳酸钡、氧化铝、蜡脂及凡士林。它能够调整油墨的密度和光泽度,使其符合印刷品的要求。填充剂的种类和比例的选择,会影响印刷品的光泽度、覆盖力、附着力等多个方面。

不同类型的印刷油墨各有其独特的特点和用途。例如,水性油墨以其环保、易清洗、印刷效果好等多种优点而备受欢迎,但干燥时间较长,不太适合在需要高速印刷的情况下使用。相比之下,油性油墨干燥速度快,色彩稳定,印刷效果也很好,但是由于其 VOCs 含量高,随着环保政策的收紧,印刷企业不得不采取更加严格的措施来控制 VOCs 的排放,因此它的使用受到了一定的限制。而 UV 油墨则是一种高端的印刷材料,它不仅干燥速度快,色彩稳定,而且具有很好的环保性能和耐光性,但同时也因为其生产成本较高,它的使用也受到了一定的限制。

印刷油墨的选用需要根据具体的印刷需求和环保要求来综合考虑,选择最为合适的油墨类型,以达到最佳的印刷效果和环保效果。

1.2.4　承印物

承印物是接受呈色剂/色料(如油墨)影像的最终载体。针对不同的印刷需求,可选择不同类型的承印物。

不透气承印物:指表面能防止水分渗透的承印物,包括(但不限于)聚乙烯、聚丙烯、玻璃纸、添加不透气物料的纸张或者纸板、金属化聚酯及尼龙。

透气承印物:指表面不能防止水分渗透的承印物,包括(但不限于)纸张、纸板及任何添加透气物料的纸制品。

1.2.5　印刷机械

印刷机械因印版的型式不同,可以分成五类:凸版印刷机、平版印刷机、凹版印刷机、孔版印刷机及特殊印刷机。此外,印刷机械还可以按照使用领域的不同分为胶版印刷机、丝网印刷机、数字印刷机、热转印机等。

凸版印刷机:有平版平压式的圆盘印刷机、平版圆压式的平床印刷机,以及圆版圆压式的轮转印刷机等。凸版印刷机是印刷行业中最早出现的印刷机型之一,适用于印刷高要求的印刷品。凸版印刷机的生产效率高,印刷品质量稳定,色彩鲜艳,可以印刷出高品质的图像和文字。

平版印刷机:有平版平压式的手摇印刷机、转版机,平版圆压式的平床印刷机、珂罗版印刷机,圆版圆压式的间接橡皮印刷机,以及轮转印刷机等。平版印刷机是印刷行业中最常用的印刷机型之一。平版印刷机的生产效率高,印刷品质量稳定,能够印刷出高品质的图像和文字,适用于印刷大批量的平面材料。

凹版印刷机：有平压式的手摇凹印机、圆压式的平台凹印机、轮转式的凹印机等。凹版印刷机适用于印刷细腻的图像和文字,也适用于印刷不规则的材料。

孔版印刷机：有手推式油印机、轮转式油印机、手推式绢印机、电动式绢印机等。孔版印刷机适用于印刷清晰度高的图像,可以印刷出精细的细节和高品质的图像。

特殊印刷机：有车票印刷机、商标印刷机、软管印刷机、曲面印刷机、静电印刷机等。

1.2.6　常规印刷分类

印刷的种类有很多,根据其使用方法的不同、操作的不同,成本与效果亦各异。主要分类方法如下。

（1）根据印版上图文部分与空白部分的相对位置对印刷进行分类

按照印版上图文部分与空白部分的相对位置,常见的印刷可以分为凸版印刷、凹版印刷、平版印刷及孔版印刷四大类。

凸版印刷：印版的图文部分凸起,明显高于空白部分,印刷原理类似于印章,早期的木版印刷、活字版印刷及后来的铅字版印刷等都属于凸版印刷。

凹版印刷：印版的图文部分低于空白部分,常用于钞票、邮票等的印刷。

平版印刷：印版的图文部分和空白部分几乎处于同一平面,利用油水不相溶的原理进行印刷。

孔版印刷：印版的图文部分为孔洞,油墨通过孔洞转移到承印物表面,常见的孔版印刷有镂空版印刷和丝网印刷等。

（2）根据印刷机的输纸方式对印刷进行分类

平板纸印刷：又称单张纸印刷,是应用平板纸进行印刷。

卷筒纸印刷：又称轮转印刷,是应用卷筒纸进行印刷。

（3）根据印版是否与承印物接触对印刷进行分类

直接印刷：印版上的油墨直接与承印物接触印刷,如凸版印刷、凹版印刷、丝网印刷。

间接印刷：印版上的油墨经过橡皮布转印在承印物上的印刷方法。

（4）根据是否采用印版对印刷进行分类

有版印刷：采用预先制好的印版在承印物上印刷的方式，如凸版印刷、凹版印刷、丝网印刷。

无版印刷：直接通过计算机驱动打印头（或印刷头）在承印物上印刷的方法，如数码印刷。

（5）根据承印材料的不同对印刷进行分类

根据所使用的承印材料的不同，印刷可分为纸张印刷、白铁印刷、塑料印刷、纺织品印刷、木板印刷、玻璃印刷等。纸张印刷为印刷品的主流，约占95%，无论凸版印刷、平版印刷、凹版印刷、孔版印刷均可适用，故称为普通印刷。用纸张以外的承印材料，多属于特殊印刷。

1.3　全国印刷行业概况

印刷行业是中国的一个非常重要的行业，它影响着许多其他行业，例如出版业、包装业等。目前，中国的印刷行业已经成为世界上最庞大的行业之一，拥有众多的印刷企业和从业人员。虽然中国的印刷产业主要集中在东部沿海地区和中西部地区，但是随着中国经济的发展，除了广东、江苏、浙江、上海和北京等地区的印刷企业数量较多、印刷产业链较为完整之外，印刷产业已经开始向其他地区扩张。中国的印刷行业覆盖了各个领域，包括出版印刷、商业印刷、包装印刷、标签印刷、电子印刷等。随着数字印刷技术的不断发展和普及，数字印刷已经成为中国印刷行业的一大趋势。数字印刷技术具有许多优势，尤其是在短版印刷、个性化印刷和小批量印刷方面，其优势越来越明显。未来，随着技术的不断进步和行业的不断发展，中国的印刷行业将会进一步壮大，成为全球印刷行业的领导者之一。

1979—2017 年，我国印刷行业产值年均增长率为 15.7%。根据国家主管部门对印刷企业的年度核验统计，2018 年我国印刷总产值为 12 712.1 亿元，同比增长 5.4%；全国共有各类印刷企业 98 276 家，从业人员 270.4 万人，利润总额 716.5 亿元，对外加工贸易额 117.1 亿美元。根据中国印刷及设备器材工业协会统计,到 2018 年包装装潢印刷已发展成为印刷工业产值占比最大的一类分支,占比约为 75%;剩余的报刊印刷、本册印制、装订及印刷相关服务则分别约占 16%、6% 和 3%。中国日用化工协会油墨分会发布的数据显示,2017 年全国油墨大类产品的产量约为 74.2 万吨,国内市场油墨消耗量约为 73.2 万吨。按产品结构统计,凹印油墨约占油墨总产量的 42%,胶印油墨约占 37%,柔性版印刷油墨约占 10%,丝网印刷油墨约占 5%,其他(喷墨及油墨辅助剂等)约占 6%。

根据 2015—2021 年的统计数据,我国规模以上印刷企业的年营业收入为 6 473.7 亿~8 057.9 亿元。2016 年我国规模以上印刷企业的年营业收入达到了最高的 8 057.9 亿元,年增长率达到 8.9%,到了 2017 年,年营业收入出现了小幅下滑,年增长率为 -2.5%。2018 年,年营业收入降低了 17.6%,可能是由于市场需求的下降或行业内的竞争加剧。随后在 2019 年和 2020 年,年营业收入分别增长了 5.0% 和下降了 2.3%,显示出一定的复苏迹象。到了 2021 年,我国规模以上印刷企业的年营业收入达到 7 737.7 亿元,年增长率为 16.6%,这是自 2015 年以来的最高年增长率,如图 1-1 所示。

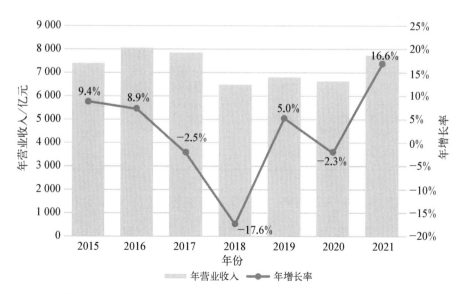

图 1-1　2015—2021 年我国规模以上印刷企业的年营业收入统计

数据来源:中国统计年鉴 2016—2022 年,规模以上印刷和记录媒介复制业年营业收入数据统计

1.4 上海市印刷行业概况

如表 1-1 所示,从 2017 年到 2021 年,企业数量和从业人员数量都呈现出持续下降的趋势。在这 5 年间,企业数量从 3 071 家减少到 2 346 家,降低了 23.6%;从业人员数量从 127 091 人减少到 106 189 人,降低了 16.4%。2021 年,企业数量比上一年度下降了 6.5%,共减少了 163 家;从业人员数量比上一年度下降了 5.4%,减少了 6 056 人。这表明,尽管 2019—2021 年企业数量和从业人员数量的减少趋势在放缓,但在 2021 年,这两个指标的下降幅度都比上一年度有所增加。从 2017 年到 2020 年,企业平均人数逐年增加,从 41.4 人增加到 44.7 人。

表 1-1 2017—2021 年上海市印刷企业和从业人员情况

年份	企业数量/家	企业数量增减	从业人员数量/人	从业人员数量增减	企业平均人数
2017	3 071	−11.32%	127 091	−9.37%	41.4
2018	2 761	−10.09%	116 699	−8.18%	42.3
2019	2 623	−5.00%	113 785	−2.50%	43.4
2020	2 509	−4.35%	112 245	−1.35%	44.7
2021	2 346	−6.50%	106 189	−5.40%	

总资产、净资产总体增长。2021 年上海市印刷业总资产为 1 285.01 亿元,比上一年度增加 3.04 亿元,增长 0.24%;净资产为 668.57 亿元,比上一年度增加 2.95 亿元,增长 0.44%。从历年数据看,总资产在 2019 年、2020 年取得良好增长后,2021 年趋势放缓,略有增加;净资产的增长趋势类似,整体来看,净资产变化的波动幅度要大于总资产。净资产比率总体上升,企业负债情况整体稳健,见表 1-2。

表 1－2　2017—2021 年上海市印刷业总资产和净资产情况

年份	总资产 /亿元	总资产 增减	净资产 /亿元	净资产 增减	净资产 比率
2017	1 165.25	1.87%	583.71	−6.05%	50.09%
2018	1 149.00	−1.39%	572.92	−1.85%	49.86%
2019	1 219.19	6.11%	632.72	10.44%	51.90%
2020	1 281.97	5.15%	665.62	5.20%	51.92%
2021	1 285.01	0.24%	668.57	0.44%	52.03%

　　工业总产值逆势增长，工业增加值震荡盘桓。2021 年上海市印刷业工业总产值为 853.99 亿元，比上一年度增加 56.35 亿元，增长 7.06%；工业增加值为 279.26 亿元，比上一年度增加 2.23 亿元，增长 0.80%。从历年数据看，工业总产值在 2019 年、2020 年连续两年下降后，2021 年取得可观的增长；工业增加值在 2019 年取得大幅增长后，2020 年、2021 年连续两年维持平稳。工业增加值率（工业增加值/工业总产值）平稳中略有波动，投入产出效果未见明显变化，见表 1－3。

表 1－3　2017—2021 年上海市印刷业工业总产值和工业增加值情况

年份	工业总 产值/亿元	工业总 产值增减	工业增加 值/亿元	工业增加 值增减	工业 增加值率
2017	816.79	0.64%	257.91	1.68%	31.58%
2018	832.80	1.96%	245.78	−4.70%	29.51%
2019	814.22	−2.23%	277.45	12.89%	34.08%
2020	797.64	−2.04%	277.03	−0.15%	34.73%
2021	853.99	7.06%	279.26	0.80%	32.70%

　　销售收入整体增长，对外加工贸易额有所缩减。2021 年上海市印刷业销售收入为 987.76 亿元，比上一年度增加 28.05 亿元，增长 2.92%；对外加

工贸易额为 84.96 亿元,比上一年度减少 4.89 亿元,下降 5.44%。从历年数据看,销售收入除在 2019 年有所下降,其余稳步增长;对外加工贸易额则自 2019 年后逐渐缩减,其在销售收入中的占比(对外加工贸易额占比),整体呈现下降趋势,见表 1-4。

表 1-4 2017—2021 年上海市印刷业销售收入和对外加工贸易额情况

年份	销售收入/亿元	销售收入增减	对外加工贸易额/亿元	对外加工贸易额增减	对外加工贸易额占比
2017	917.14	6.79%	94.39	7.69%	10.29%
2018	940.32	2.53%	89.86	-4.80%	9.56%
2019	921.72	-1.98%	101.53	12.99%	11.02%
2020	959.71	4.12%	89.85	-11.50%	9.36%
2021	987.76	2.92%	84.96	-5.44%	8.60%

2021 年利润总额首次下降,人均利润增长放缓,人均薪酬持续提升。2021 年上海市印刷业利润总额为 76.90 亿元,比上一年度减少 2.43 亿元,下降 3.06%;人均利润为 7.24 万元,与上一年度持平;人均薪酬为 11.21 万元,比上一年度增加 1.43 万元,增长 14.6%。从历年数据看,利润总额在持续增长后于 2021 年首次出现下降;人均利润在高速增长后趋缓,企业人效提高出现瓶颈;人均薪酬逆势增长,员工收入持续改善,见表 1-5。

表 1-5 2017—2021 年上海市印刷业利润总额、人均利润和人均薪酬情况

年份	利润总额/亿元	利润总额增减	人均利润/万元	人均利润增减	人均薪酬/万元	人均薪酬增减
2017	59.92	18.68%	4.71	30.9%	7.89	22.8%
2018	61.56	2.74%	5.28	12.1%	8.52	8.0%
2019	76.62	24.46%	6.73	27.5%	9.67	13.5%
2020	79.33	3.54%	7.24	7.6%	9.78	1.1%
2021	76.90	-3.06%	7.24	0.0%	11.21	14.6%

对外直接投资额大幅下降,研发投入爆发性增长。2021 年上海市印刷业对外直接投资额为 1 376.98 万美元,比上一年度减少 5 045.43 万美元,下降 78.56%;企业研发投入为 150 558 万元,比上一年度增加 27 254 万元,增长 22.10%。受疫情及国际形势影响,2021 年对外直接投资额呈现断崖式下跌;而研发投入连续高速增长,企业创新发展需求凸显,见表 1-6。

表 1-6　2019—2021 年上海市印刷业对外直接投资额和研发投入情况

年份	对外直接投资额/万美元	对外直接投资额增减	研发投入/万元	研发投入增减
2019	4 633.40	—	76 914	19.30%
2020	6 422.41	38.61%	123 304	60.31%
2021	1 376.98	−78.56%	150 558	22.10%

2021 年中国印刷包装企业 100 强中,上海市企业占有 7 席,上海市最后一家上榜的企业目前位列第 98 名,在上海市的工业总产值企业排名中为第 49 名,可以看出上海市印刷业总体发展稳定,不断壮大,在全国具备良好的竞争力。

第2章　印刷业主要 VOCs 产生及排放

2.1　印刷业与挥发性有机物

挥发性有机物(volatile organic compounds，VOCs)是常温下具有易挥发特性的有机化合物的合称。根据我国相关标准对 VOCs 的定义，VOCs 是指参与大气光化学反应的有机化合物，或者根据规定的方法测量或核算确定的有机化合物。

(1) 用于核算或者备案的 VOCs 是指 20℃ 时蒸气压不小于 10 Pa 或者 101.325 kPa 标准大气压下，沸点不高于 260℃ 的有机化合物，或者实际生产条件下具有以上相应挥发性的有机化合物(甲烷除外)。

(2) 以非甲烷总烃(NMHC)作为排气筒、厂界大气污染物监控、厂区内大气污染物监控点以及污染物控制设施 VOCs 去除效率的综合性控制指标。

VOCs 的排放对大气环境及人体健康均有着十分重要的影响。

(1) VOCs 是细颗粒物($PM_{2.5}$)的关键前体物

VOCs 是 $PM_{2.5}$ 的关键前体物之一。从重点污染源，包括移动源、工业源和生活源排放后，它与硫酸盐、氮氧化物、氨、一次细颗粒物等污染物在大气环境中通过复杂的化学反应，完成从气态向颗粒态的化学转化，生成二次细颗粒物，造成了大多数的 $PM_{2.5}$ 污染。根据国家 2014 年的监测结果，包括上海市在内的 74 个城市的 $PM_{2.5}$ 浓度为 64 $\mu g/m^3$，超标 83%，成为现阶段首要的污染物。

(2) VOCs 对臭氧(O_3)生成有直接的影响

VOCs 和空气中的 NO_x 发生光化学反应，生成臭氧等光化学氧化性物质,是造成我国众多城市臭氧超标的重要原因。

VOCs 作为大气中 $PM_{2.5}$ 和 O_3 的关键前体物,其排放对我国夏季的 O_3 污染以及秋冬季节的灰霾污染有直接的影响,严重时还会危害民众的身体健康。因此,近年来国家先后出台了一系列政策要求加强对 VOCs 污染的管控。

2010 年 5 月,国务院办公厅转发了《关于推进大气污染联防联控工作改善区域空气质量的指导意见》,该意见首次从国家层面提出了开展 VOCs 污染防治工作的总体要求,将 VOCs 和 SO_2、NO_x、颗粒物一起列为改善大气环境质量的防控重点污染物,并把开展 VOCs 防治工作作为大气污染联防联控工作的重要部分。这是我国首个从国家层面正式提出 VOCs 管控的政策文件,拉开了全国 VOCs 治理的序幕。

2013 年 9 月,国务院发布了《大气污染防治行动计划》,成为我国大气污染防治历史上的里程碑,文件在第一条即提出推进 VOCs 污染治理,要求在石化、有机化工、表面涂装、包装印刷等行业实施 VOCs 综合整治,将我国 VOCs 污染治理工作提升到了前所未有的高度,我国的大气污染防治也进入新时代。

2017 年 9 月,环境保护部等六部委联合发布《"十三五"挥发性有机物污染防治工作方案》,进一步提出以重点行业和重点污染物为主要控制对象,加快实施工业源 VOCs 污染防治,全面实施石化行业达标排放,推进化工行业 VOCs 综合治理,加大工业涂装 VOCs 治理力度,深入落实包装印刷行业 VOCs 综合治理,并因地制宜推进其他工业行业 VOCs 综合治理,从而科学性、针对性、有效性地持续改善环境空气质量。

2019 年 6 月,生态环境部发布了《重点行业挥发性有机物综合治理方案》,提出我国 VOCs 治理存在源头控制力度不足、无组织排放严重、治污设施简易低效、运行管理不规范、监测监控不到位等问题,并要求在新一轮工作中应大力推进源头替代、全面加强无组织排放控制、推进建设实施高效的治污设施、深入实施精细化管控,聚焦石化行业、化工行业、工业涂装行业、包装印刷行业、油品储运销、涉 VOCs 排放的工业园区和产业集群六大重点领域,完成 VOCs 排放量下降 10% 的目标任务,协同控制温室气体排放,推进环境空气质量的持续改善。

2021 年 8 月，生态环境部发布《关于加快解决当前挥发性有机物治理突出问题的通知》，指出应针对当前的突出问题展开排查整治，主要包括石化行业、化工行业、工业涂装行业、包装印刷行业以及油品储运销等。各地要组织企业针对挥发性有机液体储罐、装卸、敞开液面、泄漏检测与修复（LDAR）、废气收集、废气旁路、治理设施、加油站、非正常工况、产品 VOCs 含量 10 个关键环节，对照《中华人民共和国大气污染防治法》、排污许可证、相关排放标准和产品 VOCs 含量限值标准等开展排查整治工作，以助力打好污染防治攻坚战，强化 $PM_{2.5}$ 和 O_3 协同控制，推动"十四五"VOCs 减排目标的顺利完成。

2022 年生态环境部等多部门发布了《深入打好重污染天气消除、臭氧污染防治和柴油货车污染治理攻坚战行动方案》，在推进重点工程中强调"以石化、化工、涂装、制药、包装印刷和油品储运销等为重点，加强 VOCs 源头、过程、末端全流程治理"。

2023 年生态环境部发布了《低效失效大气污染治理设施排查整治工作方案（征求意见稿）》，"VOCs 治理工艺及装备排查整治要求"中包装印刷行业仍是重点之一。这说明印刷行业的 VOCs 治理仍存在比较大的挑战。

2.2　印刷油墨及有机溶剂使用分析

印刷是指使用模拟或数字的图像载体将呈色剂/色料（如油墨）转移到承印物上的复制过程。印刷的基本要素是原稿、印版、承印物、印刷油墨、印刷机械。其中印刷油墨中含有大量的 VOCs，使得印刷行业排放 VOCs 问题较为严重。

常见的印刷方式包括凹版印刷、凸版印刷、平版印刷和孔版印刷。常见的印刷工艺包括调墨、印刷、烘干、复合等过程，各环节排放 VOCs 的情况见图 2 - 1。

按印刷方式的不同，现代印刷油墨主要可分为平版印刷油墨、凹版印刷油墨、凸版印刷油墨和孔版印刷油墨四大类。这几种油墨的特点及添加有机溶剂的情况如下。

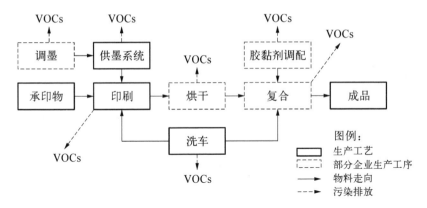

图 2-1　典型印刷工艺各环节排放 VOCs 的情况

2.2.1　平版印刷油墨

由于平版印刷利用油水相斥的原理进行印刷,故平版印刷油墨必须具备抗水性能。平版印刷油墨按工艺分为胶印油墨、卷筒纸胶印油墨、无水胶印油墨、印铁油墨、石印油墨、珂版油墨等。不同类型的平版印刷油墨具有不同的特点和适用范围。胶印油墨由于具有良好的光泽和颜色饱和度而被广泛应用于印刷杂志、海报、宣传册和书籍等;卷筒纸胶印油墨具有快干、适应性广、色彩丰富等特点,主要用于印刷报纸和杂志等;无水胶印油墨具有快干、色彩准确、不需加水等优点,广泛应用于印刷贺卡、包装材料和标签等;印铁油墨是热固型油墨,需要高温烘干,主要用于印刷金属和塑料等材料;石印油墨主要用于印刷石材和陶瓷等;珂版油墨是一种适用于印刷高精度图像的油墨,广泛应用于印刷电路板和 LCD 显示器等。目前胶印所用油墨以树脂型油墨为主。

平版印刷油墨中常使用乙醇、异丙醇、丁醇、丙醇、甲乙酮、乙酸乙酯、乙酸正丁酯、甲苯、二甲苯等有机溶剂,这些有机溶剂能够帮助平版印刷油墨快速干燥,提高印刷效率。此外,这些有机溶剂还可以调节油墨的黏度和流动性,从而提高印刷品的精度和质量。

2.2.2　凹版印刷油墨

凹版印刷油墨是一种利用挥发性进行干燥的溶剂型油墨。由于其流动性大,黏度小,为了保证较好的印刷效果,必须加入较大比例的溶剂,通常产品中的有机溶剂占 30%~70%。凹版印刷油墨中的有机溶剂主要包括甲苯、乙酸乙酯、甲乙酮、异丙醇等物质。特种凹版印刷油墨在软包装中应用广泛,由于考虑到塑料薄膜的黏着性和润湿性,经常使用各种树脂作连接料。为了确保树脂的溶解性和印刷效果,通常会向油墨中添加 4~7 种有机溶剂作为辅助剂。

除了传统的溶剂型凹版印刷油墨,还有混合型凹版印刷油墨和醇型凹版印刷油墨,它们的毒性较小,对环境污染小,因此被广泛应用。此外,还有一种水性凹版印刷油墨,其主要溶剂是水和少量醇类,其印刷品质量正在逐步提高,已经得到广泛认可。可以预见,随着技术的不断推进和民众环保意识的提高,水性凹版印刷油墨的应用将会越来越广泛,具有广阔的发展前景。

2.2.3 凸版印刷油墨

凸版印刷是一种广泛应用于印刷书籍、报纸、画册、单据、账簿等的印刷技术。虽然凸版印刷油墨通常是以传统的溶剂型油墨为主,但是也有少量的油墨采用其他形式,如氧化结膜渗透干燥型油墨和光固化型油墨。

在凸版印刷油墨中,常用的溶剂包括醇类(比如甲醇、乙醇、异丙醇、正丁醇等)、酯类(比如乙酸甲酯、乙酸乙酯等)、烃类(比如正己烷、正庚烷、二甲苯等)、酮类(比如丙酮、环己酮等)和醚类等。尽管这些溶剂在凸版印刷油墨中起着重要的作用,但是它们往往具有毒性和较浓的刺激性气味。

柔性版印刷是一种在印刷行业中备受欢迎的特殊凸版印刷方式,它的应用范围非常广泛,可以用于印刷各种材料,如塑料、金属、纸张等。与传统的凸版印刷方式相比,柔性版印刷的印刷效果更加精细,可以印刷出更加清晰、生动的图案和文字,因此在包装、标签、贴纸等的印刷中都有着广泛的应用。

柔性版印刷油墨的种类非常丰富,主要分为溶剂型油墨、水性油墨和 UV 油墨。其中,水性油墨和 UV 油墨由于其优良的环保性能正成为开发的重点。柔性版印刷油墨在环保方面的优点主要在于其低挥发性和低毒性,不会对环境造成太大的影响。在包装领域,柔性版印刷有着举足轻重的地位,一个重要的原因在于,它采用的水性油墨几乎不含有毒有机物,正好符合了现代包装印刷的绿色化发展趋势。在柔性版印刷油墨的种类中,用来印刷纸容器、瓦楞纸等的一般是水性油墨,大都含有乙酸乙酯和丙醇等有机溶剂。

2.2.4　孔版印刷油墨

孔版印刷油墨根据用途不同分为两种类型:誊写版油墨和丝网版油墨(丝网印刷油墨)。相较于其他类型的油墨,丝网印刷油墨对承印物的适应性更强。丝网印刷油墨的固含量通常比其他油墨要高,其中有机溶剂型油墨的固含量为 50% ~ 60%,相较于凹版印刷油墨要低一些。

在丝网印刷油墨中,通常会向油墨中添加 10% ~ 30% 的有机溶剂以改善油墨的性能。这些溶剂的沸点通常在 160 ~ 200℃ 之间。此外,丝网印刷油墨的生产过程需要经过多道工序,包括原材料的处理、颜料的调配、油墨的研磨等。这些工序的严谨执行可以保证油墨的质量和性能。丝网印刷油墨在塑料、金属、陶瓷等材质的印刷领域应用广泛。丝网印刷油墨的印刷效果较好,可印刷出清晰的图案和文字,具有良好的附着性、耐磨性和耐候性。此外,丝网印刷油墨还具有一定的防腐蚀性能,可以在一定程度上保护印刷品的质量。

2.3　不同印刷工艺的 VOCs 排放特征

2.3.1　平版印刷工艺的 VOCs 排放特征

平版印刷又称为胶版印刷,其特征是印版的图文部分和空白部分几乎在同一平面上。

平版印刷企业所使用的油墨包括溶剂型油墨、植物大豆油墨、UV 油墨和水性油墨,其中溶剂型油墨的挥发性有机物含量较高,是平版印刷企业主要的 VOCs 排放源。此外,平版印刷在生产过程中所使用的有机溶剂型洗车水及润版液等也是 VOCs 排放源之一。

2.3.2　凸版印刷工艺的 VOCs 排放特征

凸版印刷的图文部分处于一个平面,明显高于空白部分,印版着墨时,油墨附着在印版的凸起部分,并在压力作用下转移到承印物上。传统的凸版印刷采用铜锌版,目前逐渐被柔性版印刷代替,采用软质的树脂印版。

柔性版印刷通常用于产品包装印刷,对于色彩要求不高的瓦楞纸包装箱产品一般使用水性油墨,几乎不存在 VOCs 排放;而对于色彩鲜艳的薄膜制品则一般使用醇溶性油墨,印刷过程中产生 VOCs 污染。

2.3.3　凹版印刷工艺的 VOCs 排放特征

凹版印刷的印版滚筒上空白部分高于图文部分,并且高低悬殊,空白部分处于同一平面或同一曲面上。印版上凹陷的图文部分形成网穴容纳油墨,通过滚筒压印,使印版滚筒上的图文印迹转移到承印物表面。

凹版印刷广泛应用于包装和特殊产品的印刷领域,适用于薄膜、复合材料及纸张等介质,通常使用低黏度、高 VOCs 含量的油墨,印制过程中产生大量的 VOCs,且成分复杂。

2.3.4　孔版印刷工艺的 VOCs 排放特征

孔版印刷是将真丝、尼龙或金属丝等编织成网,将其紧绷于网框上,采用手工刻漆膜或光化学制版的方法制成网版,网版上非图文部分被涂布的感光涂层封住,只留下图文部分的网孔可以透过油墨。印刷时,先在网版上涂墨,再用橡胶刮板在网版上轻刮,油墨透过网版,转移到放置在网版下的承印物上。

孔版印刷 VOCs 主要来源于油墨及清洗剂。使用溶剂型油墨时,VOCs 的排放浓度相对较高。

2.3.5　复合工艺的 VOCs 排放特征

复合工艺是指使用胶黏剂将不同的基材通过压贴复合形成两种或多种

材料的组合的一种印后加工方式。其包含干式复合、湿式复合、挤出复合、热熔复合等工艺,其中干式复合工艺需要使用大量的胶黏剂和稀释剂,VOCs 排放量较大,且成分单一。不同印刷工艺所含 VOCs 的原辅材料及VOCs 排放特征见表 2-1。

表 2-1　不同印刷工艺所含 VOCs 的原辅材料及 VOCs 排放特征

工艺类型	主要含 VOCs 的原辅材料	VOCs 排放特征	VOCs 特征污染物
平版印刷工艺	溶剂型油墨、大豆油墨、UV 油墨和水性油墨	印刷与干燥过程排放,使用溶剂型油墨,VOCs 排放浓度较高;使用其他类型油墨,VOCs 排放浓度较低	异丙醇、乙醇、丁醇、甲乙酮、乙酸乙酯、乙酸正丁酯、甲苯等
凸版印刷工艺	醇溶性油墨、水性油墨、UV 油墨	印刷过程排放,使用水性油墨,VOCs 排放浓度较低;使用醇溶性油墨,VOCs 排放浓度较高	醇类
凹版印刷工艺	溶剂型油墨、水性油墨	印刷与干燥过程排放,使用溶剂型油墨,VOCs 排放浓度较高;使用水性油墨,VOCs 排放浓度较低	酮、醇、醚、酯和芳烃类
孔版印刷工艺	溶剂型油墨、水性油墨、UV 油墨	印刷与洗版过程排放,使用溶剂型油墨,VOCs 排放浓度较高;使用水性油墨,VOCs 排放浓度较低	酮、醇、醚、酯和芳烃类
复合工艺	溶剂型胶黏剂、水性胶黏剂	复合过程排放,使用溶剂型胶黏剂,VOCs 排放浓度较高;使用水性胶黏剂,VOCs 排放浓度较低	乙醇、乙酸乙酯

2.4　印刷业 VOCs 排放控制要求

2.4.1　国务院发布的相关要求

2013 年 9 月,国务院发布了《大气污染防治行动计划》,提出了以下措施:推进挥发性有机物污染治理,实施包装印刷等行业的挥发性有机物综合整治,完善涂料、胶黏剂等产品的挥发性有机物限值标准,推广使用水性涂料,鼓励生产、销售和使用低毒、低挥发性有机溶剂。

2016 年 11 月,国务院发布了《"十三五"生态环境保护规划》,该规划明确将包装印刷行业列为挥发性有机物控制的重点行业,要求印刷行业全面开展低挥发性有机物含量原辅材料替代,改进生产工艺,以及实施包装印刷行业挥发性有机物综合整治。

2018 年 6 月,国务院发布了《打赢蓝天保卫战三年行动计划》,提出以下措施:制定包装印刷等挥发性有机物排放重点行业和油品储运销综合整治方案,出台泄漏检测与修复标准,编制挥发性有机物治理技术指南。重点区域禁止建设生产和使用高挥发性有机物含量的溶剂型涂料、油墨、胶黏剂等项目。

2.4.2 国家生态环境主管部门发布的相关要求

2017 年 9 月,环境保护部等多部门印发了《"十三五"挥发性有机物污染防治工作方案》,提出了以下措施:深入推进包装印刷行业挥发性有机物综合治理,推广使用低(无)VOCs 含量的绿色原辅材料和先进生产工艺、设备,加强无组织废气收集,优化烘干技术,配套建设末端治理设施,实现包装印刷行业 VOCs 全过程控制;加强源头控制,大力推广使用水性油墨、大豆基油墨、能量固化油墨等低(无)VOCs 含量的油墨和低(无)VOCs 含量的胶黏剂、清洗剂、润版液、洗车水、涂布液。对塑料软包装、纸制品包装等,推广使用柔印等低(无)VOCs 排放的印刷工艺;在塑料软包装领域,推广使用无溶剂、水性胶等环境友好型复合技术。加强废气收集与处理,对油墨、胶黏剂等有机原辅材料的调配和使用等,要采取车间环境负压改造、安装高效集气装置等措施,使有机废气收集率达到 70% 以上;对转运、储存等,要采取密闭措施,减少无组织排放;对烘干过程,要采取循环风烘干技术,减少废气排放;对收集的废气,要建设吸附回收、吸附燃烧等高效治理设施,确保达标排放。

2018 年 1 月,环境保护部发布了《关于京津冀大气污染传输通道城市执行大气污染物特别排放限值的公告》,要求在京津冀大气污染传输通道城市("2+26"城市),对于新建项目,目前国家排放标准中未规定大气污染物特别排放限值的行业,待相应排放标准制定或修改后,新受理环评的建设项目执行相应大气污染物特别排放限值;对于现有企业,目前国家排放标准中未规定大气污染物特别排放限值的行业,待相应排放标准制修订或修改后,现有企业执行二氧化硫、氮氧化物、颗粒物和挥发性有机物特别排放限值。

2019 年 6 月,生态环境部印发了《重点行业挥发性有机物综合治理方案》,要求重点推进塑料软包装印刷、印铁制罐等 VOCs 治理,积极推进使用低(无)VOCs 含量原辅材料和环境友好型技术替代,全面加强无组织排放控制,建设高效末端净化设施。重点区域逐步开展出版物印刷 VOCs 治理工作,推广使用植物油基油墨、能量固化油墨、低(无)醇润版液等低(无)VOCs 含量原辅材料和无水印刷、橡皮布自动清洗等技术,实现污染减排,并提出行业要强化源头控制、加强无组织排放控制、提升末端治理水平的要求。

2.4.3　国家其他部门对印刷行业的环保要求

2010 年 10 月,工业和信息化部发布了《部分工业行业淘汰落后生产工艺装备和产品指导目录》,规定含苯类溶剂油墨和用于凹版印刷的苯胺油墨为淘汰产品,一律不得转移、生产、销售、使用和采用。

2011 年 10 月,新闻出版总署、环境保护部联合发布了《关于实施绿色印刷的公告》,提出在印刷行业实施绿色印刷战略,淘汰一批落后的印刷工艺、技术和产能,促进印刷行业实现节能减排,引导我国印刷产业加快转型和升级。

2016 年 7 月,工业和信息化部、财政部联合印发了《重点行业挥发性有机物削减行动计划》,提出推广应用低(无)VOCs 含量的绿色油墨、上光油、润版液、清洗剂、胶黏剂、稀释剂等原辅材料;鼓励采用柔性版印刷工艺和无溶剂复合工艺,逐步减少凹版印刷工艺、干式复合工艺。

2017 年 4 月,国家新闻出版广电总局发布了《印刷业"十三五"时期发展规划》。该规划明确提出要加快绿色印刷标准体系建设,按照"源头削减和过程控制是重点、兼顾末端治理"的思路推动挥发性有机物治理。实施"绿色印刷推广工程",推动企业降成本、节能耗、减排放,制定绿色原辅材料产品目录,鼓励使用绿色材料和工艺,推动产业链协同发展。

2018 年 12 月,国家发展和改革委员会、生态环境部、工业和信息化部联合发布了《印刷业清洁生产评价指标体系》,规定了印刷企业清洁生产的一般要求,将清洁生产指标分为生产工艺与装备要求、资源和能源消耗指标、资源综合利用指标、污染物产生指标、产品质量指标和清洁生产管理指标。

2019 年 9 月,国家新闻出版署、国家发展和改革委员会、工业和信息化部、生态环境部、国家市场监督管理总局印发了《关于推进印刷业绿色化发展的意见》。该文件对印刷业提出了新要求,强调了绿色发展、创新驱动和高质量发展的重要性。主要内容包括:推进印刷业向绿色、环保转型,减少环境影响,特别是在降低挥发性有机物(VOCs)排放方面采取积极措施;完善印刷业管理条例等法规规章,支持绿色发展,并推行绿色产品认证制度;推动数字印刷和智能制造的发展,鼓励使用新技术、新工艺和新材料,以加速新旧动能的转换;完善印刷业绿色化发展标准体系,推广绿色、环保、低碳的新技术、新工艺、新材料等。这些要求不仅涉及技术和管理层面的改革,也包括意识形态工作的加强和监管机制的完善。通过这些措施,可以进一步推进印刷业的可持续发展。

2.4.4 上海市人民政府及生态环境部门的相关要求

2013 年 11 月,上海市人民政府发布了《上海市清洁空气行动计划(2013—2017)》,旨在加快改善环境空气质量,以大幅削减污染物排放为核心,深化拓展并加快落实能源、工业、交通、建设、农业、生活六大领域的治理措施,大力推动生产方式和生活方式的转变,全面推进二氧化硫、氮氧化物、挥发性有机物、颗粒物等的协同控制和污染减排。主要措施之一是加快工业挥发性有机物治理,分行业推进挥发性有机物综合治理,积极推动低毒、低挥发性有机溶剂的使用;以涂料生产、材料合成、有机化工、设备涂装、电子设备、木材加工和家具制造行业为重点,通过调整优化工艺设计,开展易挥发有机原料、中间产品与成品装卸、储存装置的密闭回收改造,实施生产工艺挥发性有机物的废气收集净化治理。印刷行业作为有机溶剂使用行业,虽然其没有在该计划中被单独提到,但其 VOCs 的控制与管理也是该计划的重要组成部分。

2018 年 7 月,上海市人民政府办公厅发布了《上海市清洁空气行动计划(2018—2022 年)》,其中在实施低 VOCs 含量产品源头替代工程中提到包装印刷行业推广低 VOCs 含量原辅材料的应用,倡导绿色包装,推广非溶剂型印刷、涂布和复合工艺。

2018 年 9 月,上海市环境保护局联合多部门印发了《上海市挥发性有机物深化防治工作方案(2018—2020 年)》,其中细化了包装印刷业推广使用低(无)VOCs 含量原辅材料和产品的要求。在包装印刷行业,推广使用低(无)VOCs 含量的绿色原辅材料,倡导绿色包装;大力推广使用水性油墨、大豆基油墨、能量固化油墨等低(无)VOCs 含量的油墨和低(无)VOCs 含量的胶黏剂、清洗剂、润版液、洗车水、涂布液。

2023 年 7 月,上海市人民政府办公厅发布了《上海市清洁空气行动计划(2023—2025 年)》,在此次计划中要求包装印刷行业进一步加强绿色化,并提出了更加精细化的方法和推荐技术;要求包装印刷行业持续推广使用水性油墨、能量固化油墨,水性胶黏剂、无溶剂胶黏剂,水基清洗剂、半水基清洗剂,低(无)醇润版液、水性上光油等低 VOCs 含量原辅材料,持续推广使用水性凹印、水性柔印、低(无)醇润版胶印、无水胶印、无溶剂复合、共挤出复合等先进工艺设备,鼓励采用集中供墨、封闭刮刀、自动橡皮布清洗等技术。

第3章 印刷业 VOCs 排放控制相关标准

3.1 国家与组织相关标准

3.1.1 中国相关标准

1.《印刷工业大气污染物排放标准》(GB 41616—2022)

2013 年 2 月,环境保护部印发《关于开展 2013 年度国家环境保护标准项目实施工作的通知》(环办函〔2013〕154 号),下达了印刷包装业大气污染物排放标准的制定任务,2019 年 8 月完成征求意见稿的技术审查,于 2022 年 10 月发布。

《中共中央 国务院关于深入打好污染防治攻坚战的意见》中明确指出,"十四五"期间,要大力加强对细颗粒物($PM_{2.5}$)和臭氧的协同控制。当时,印刷行业大气污染物的排放管理执行《大气污染物综合排放标准》(GB 16297—1996)和《挥发性有机物无组织排放控制标准》(GB 37822—2019),但这两份标准行业针对性不强,有组织排放控制要求宽松,不能支撑对于印刷行业 VOCs 全过程控制的需求,在此背景下,2022 年 10 月,生态环境部、国家市场监督管理总局发布《印刷工业大气污染物排放标准》(GB 41616—2022),落实精准治污、科学治污、依法治污要求,进一步规范行业污染排放管理。该标准基于从源头削减、过程控制到末端治理的全过程管控思路,有组织排放与无组织排放控制双管齐下,进一步规范印刷企业的排污行为。

① 强化源头和过程控制,规范无组织排放管理:无组织排放控制是印刷行业 VOCs 管控的难点。该标准根据工艺特点,针对油墨、稀释剂、润版液胶黏剂等 VOCs 物料的储存、转移和输送,印前、印刷和印后等工序明

确规定措施性控制要求。此外,该标准提出了厂区内 VOCs 无组织排放限值的建议值,由地方根据当地生态环境保护的需要自主实施,对厂区内 VOCs 无组织排放状况进行监控。通过上述控制措施,实现无组织排放全过程管控。

② 实施浓度和总量控制,完善有组织排放管控:印刷生产过程中产生的大气污染物主要为 VOCs 和颗粒物,其中颗粒物产生量较少,VOCs 为主要污染物,且大多为有毒物质。为全面管控印刷工业大气污染物排放,同时又尽量简化污染物控制项目,采用“综合指标+特征污染物”的形式,保证排放监管的严密性。综合指标为非甲烷总烃(NMHC),控制 VOCs 的总排放。特征污染物是监管重点,需考虑其光化学反应性和有毒有害性,重点管控苯和苯系物。

该标准沿用排放浓度限值控制方式的同时,根据企业初始排放量进一步实施差异化管控。对于排放量大的企业,实行排放浓度与处理效率双重控制;对于排放量小的企业,只需要满足排放浓度要求。另外,对于采用原辅材料符合国家有关低 VOCs 含量产品规定的企业,也不执行处理效率要求,鼓励企业采用水性油墨等措施,从源头削减排放总量。

(1)《印刷工业大气污染物排放标准》(GB 41616—2022)适用范围

依据《国民经济行业分类》(GB/T 4754—2017),印刷及其相关服务包括书、报刊印刷(代码为 C2311),本册印制(代码为 C2312),包装装潢及其他印刷(代码为 C2319),以及装订和印刷相关服务(代码为 C2320)四个子类别。由于 C2320 在污染排放特性和排放水平上与 C2311、C2312、C2319 存在显著差异,因此该标准未将其纳入适用范围。

该标准适用于 GB/T 4754—2017 中指定的书、报刊印刷(代码为 C2311),本册印制(代码为 C2312),包装装潢及其他印刷(代码为 C2319)行业,此外,还适用于进行印刷复制、印前处理、制版,以及印后加工如装订、表面修饰和包装成型等生产活动的工业。

(2)《印刷工业大气污染物排放标准》(GB 41616—2022)有组织排放要求

调研结果显示,印刷企业的各个工艺环节,包括油墨和胶黏剂的混合、印刷过程、干燥、清理、上光、覆盖、涂布以及复合等,所产生的废气都可以通过密封车间或吸风罩进行收集,随后送入处理系统。该标准为了满足环境管理需求,同时提升排放控制技术水平,设定了最高允许排放浓度的标准,即在任何一个小时内的最大允许排放浓度。此外,如果印刷车间或生产设备的排放物中非甲烷总烃(NMHC)或总挥发性有机物(TVOC)的初始排放速率超出了一定阈值,标准也提出需安装 VOCs 的末端处理设备,并且对这些设备的处理效率也做出了相应规定。

该标准要求新建企业自 2023 年 1 月 1 日起,现有企业自 2024 年 7 月 1 日起,执行规定的大气污染物排放限值及其他污染控制要求,见表 3 - 1。

表 3 - 1　大气污染物排放限值

序号	污 染 物	排放限值/(mg/m³)	污染物排放监控位置
1	苯	1	
2	苯系物[a]	15	车间或生产设施排气筒
3	NMHC	70	
4	颗粒物[b]	30	

a. 苯系物包括苯、甲苯、二甲苯、三甲苯、乙苯和苯乙烯。
b. 对于有纸毛收集系统、挤出复合工序和热熔复合工序的车间或生产设施排气筒,需监控该项目。

车间或生产设施排气筒中 NMHC 的初始排放速率 ≥ 3 kg/h 的,VOCs 处理设施的处理效率不应低于 80%;对于重点地区,车间或生产设施排气筒中 NMHC 的初始排放速率 ≥ 2 kg/h 的,VOCs 处理设施的处理效率不应低于 80%(采用的原辅材料符合国家有关低 VOCs 含量产品规定的除外)。

VOCs 燃烧(焚烧、氧化)装置除了需满足表 3 - 1 中的大气污染物排放要求外,还需对排放烟气中的二氧化硫和氮氧化物进行控制,其排放浓度需低于表 3 - 2 中规定的限值标准。利用符合 VOCs 燃烧(焚烧、氧化)条件和安全要求的锅炉、工业炉窑、固废焚烧炉焚烧处理有机废气时,还应满足相应排放标准的控制要求。

表 3 - 2　VOCs 燃烧（焚烧、氧化）装置大气污染物排放限值

序号	污染物	排放限值/(mg/m³)	污染物排放监控位置
1	二氧化硫	200	VOCs 燃烧（焚烧、氧化）装置排气筒
2	氮氧化物	200	

（3）《印刷工业大气污染物排放标准》（GB 41616—2022）无组织排放要求

该标准针对我国印刷企业无组织排放问题的突出性，特别强调对无组织排放控制的要求，主要从浓度限值和无组织排放控制措施两个方面进行规定。

① 浓度限值：该标准设定了两类浓度限值要求，包括厂区内 VOCs 无组织排放限值（表 3 - 3）和企业边界大气污染物浓度限值（表 3 - 4）。其中，厂区内 VOCs 无组织排放限值是新增的指标，其目的在于推动无组织排放转变为有组织排放；而企业边界大气污染物浓度限值则是为了防止环境健康风险。企业厂区内 VOCs 无组织排放限值的实施，将由各地方生态环境主管部门根据本地环保需求来执行。

地方根据当地生态环境保护需要，对厂区内 VOCs 无组织排放状况进行监控时，可参照表 3 - 3 制定地方标准。

表 3 - 3　厂区内 VOCs 无组织排放限值

污染物	排放限值/(mg/m³)	限值含义	无组织排放监控位置
NMHC	10	监控点处任何 1 h 内的平均浓度值	在厂房外设置监控点
	30	监控点处任意一次浓度值	

另外，企业边界任何 1 h 内的大气污染物平均浓度应符合规定的限值，见表 3 - 4。

表 3 – 4 企业边界大气污染物浓度限值

序 号	污 染 物	排放限值/（mg/m³）
1	苯	0.1

② 无组织排放控制措施：该标准提出了一系列无组织排放控制措施，具体如下。

> a. 在含有 VOCs 物料的储存中，包括油墨、稀释剂、润版液、胶黏剂等，应存放在密封的容器、包装袋或储罐中。这些容器或包装袋应在非使用状态时密封，并存放在密闭空间内。储罐的控制应符合 GB 37822—2019 的规定。

> b. 在含有 VOCs 物料的转移和运输过程中，应采用密闭管道。如果使用非管道方式，应使用密闭的容器或包装袋。涉及含有 VOCs 物料的工艺过程，如调墨、印刷、干燥等，应使用密闭设备或在密闭空间内操作，废气应排入 VOCs 废气收集处理系统。如果设备无法密闭，应采取局部气体收集措施。

> c. 含有 VOCs 物料的设备及其管道在维修、清洗、非正常生产时，应将残留物料清空，且废气应排入 VOCs 废气收集处理系统。设备和管线组件应进行泄漏检测和修复，以满足 GB 37822—2019 的规定。

> d. 对于废水液面的 VOCs 无组织排放，印刷企业应满足 GB 37822—2019 的规定，废气应满足表 3 – 1、表 3 – 2 及 GB 41616—2022 中 4.2 条的要求。VOCs 废气收集处理系统应根据印刷生产工艺、操作方式、废气性质、污染物种类、浓度水平等因素进行分类收集处理。

> e. VOCs 废气收集处理系统的设定应符合 GB/T 16758—2008 的规定。输送管道应在负压下运行并且密闭，泄漏检测值不应超过 500 μmol/mol。VOCs 废气收集处理系统应与生产工艺设备同步运行。若 VOCs 废气收集处理系统发生故障或需要检修时，对应的生产工艺设备应停止运行，修复完毕后，两者同步投入使用。

2.《印刷工业污染防治可行技术指南》(HJ 1089—2020)

为贯彻《中华人民共和国环境保护法》《中华人民共和国水污染防治

法》《中华人民共和国大气污染防治法》等法律,防治环境污染,改善环境质量,推动企事业单位污染防治措施升级改造和技术进步,生态环境部于 2020 年 1 月 8 日发布了《印刷工业污染防治可行技术指南》(HJ 1089—2020),该标准自印发之日起实施。

在 VOCs 管控方面,该标准从 5 方面给出了建议。

原辅材料替代技术:原辅材料替代技术是减少挥发性有机物(VOCs)排放的一种有效方法。例如,可以使用植物油基胶印油墨、无/低醇润湿液、能量固化油墨、水性凹印油墨、水性凸印油墨等替代传统的含有高 VOCs 的油墨和润湿液。这些替代材料的 VOCs 含量一般远低于传统材料,从而可以显著降低 VOCs 的排放量。

设备或工艺革新技术:设备或工艺革新技术也可以有效降低 VOCs 的排放量。例如,自动橡皮布清洗技术可以减少清洗剂的使用量并减少废清洗剂等危险废物的产生,从而减少 VOCs 排放。零醇润版胶印技术通过改造平版印刷机的水辊系统,使用不含 VOCs 的润湿液替代传统润湿液,从而避免润版工序 VOCs 的产生。此外,无水胶印技术通过使用无水印版,免除了润版步骤,可以消除由于润版工序而产生的 VOCs 排放。

无组织排放控制措施:无组织排放包括在储存、调配、输送、印刷及印后生产过程中产生的 VOCs 无组织废气。为了控制这些无组织排放,企业需要加强对印刷生产工艺过程中产生的废气的收集,减少 VOCs 无组织排放。此外,应加强对含 VOCs 原辅材料的储存管理,使其在非取用状态时储存于密闭的容器、包装袋中,并存放于安全、合规的地方。

污染治理技术:污染治理技术主要包括吸附法 VOCs 治理技术、燃烧法 VOCs 治理技术、冷凝法 VOCs 治理技术等。吸附法 VOCs 治理技术通过吸附剂(如活性炭、活性碳纤维、分子筛等)吸附废气中的 VOCs 污染物,使之与废气分离。燃烧法 VOCs 治理技术是通过热力燃烧或催化燃烧的方式,使废气中的 VOCs 污染物发生反应,转化为二氧化碳、水等物质。冷凝法 VOCs 治理技术是将废气降温至 VOCs 露点以下,使 VOCs 凝结为液态,并与废气分离。

环境管理措施： 为了确保以上所有措施的有效实施，企业应按照相关法律法规、标准和技术规范等要求运行污染治理设施，并定期进行维护和管理，保证污染治理设施正常运行，污染物排放达标。此外，企业还应建立台账，记录含 VOCs 原辅材料的采购、使用、回收和废弃情况，以及污染治理设施的运行情况，以便进行有效监控和管理。

该标准还针对不同的工艺，提出了 21 项可行的技术路线，详情可参见《印刷工业污染防治可行技术指南》（HJ 1089—2020）中的"表 1 废气污染防治可行技术"。

（1）平版印刷废气污染防治可行技术路线

该标准针对平版印刷共列出了 6 项大气污染防治可行技术。这 6 项大气污染防治可行技术包括预防技术和治理技术，其中 5 项为预防技术，1 项为预防技术+治理技术。

可行技术 1： ① 植物油基胶印油墨替代技术+② 无/低醇润湿液替代技术+③ 自动橡皮布清洗技术

该技术组合是预防技术路线，适用于书刊、报纸、本册等的平版印刷工艺，可采用无醇润湿液替代技术。通过在源头原辅材料采用植物油基胶印油墨替代技术、无/低醇润湿液替代技术，设备或工艺革新采用自动橡皮布清洗技术来降低 VOCs 的产生量，在末端不进行治理的情况下，非甲烷总烃的排放浓度水平在 20～30 mg/m³。

可行技术 2： ① 植物油基胶印油墨替代技术+② 零醇润版胶印技术+③ 自动橡皮布清洗技术

该技术组合是预防技术路线，适用于报刊、纸包装等的平版印刷工艺。采用该技术需投入印刷机水辊系统的一次性改造费用及定期更换水辊的耗材费用。通过在源头原辅材料采用植物油基胶印油墨替代技术，设备或工艺革新采用零醇润版胶印技术、自动橡皮布清洗技术来降低 VOCs 的产生量，在末端不进行治理的情况下，非甲烷总烃的排放浓度水平在 15～30 mg/m³。

可行技术 3： ① 植物油基胶印油墨替代技术+② 无水胶印技术+③ 自动橡皮布清洗技术

该技术组合是预防技术路线,适用于书刊、标签等的平版印刷工艺。该技术对环境温度要求较高,油墨传输过程需要冷却处理。采用该技术需使用专门的冲版机、版材及油墨,成本较有水印刷高 20%～30%。通过在源头原辅材料采用植物油基胶印油墨替代技术,设备或工艺革新采用无水胶印技术、自动橡皮布清洗技术来降低 VOCs 的产生量,在末端不进行治理的情况下,非甲烷总烃的排放浓度水平在 15～30 mg/m³。

可行技术 4: ① 能量固化油墨替代技术+② 零醇润版胶印技术+③ 自动橡皮布清洗技术

该技术组合是预防技术路线,适用于纸包装的平版印刷工艺,不适用于直接接触食品的产品的印刷工艺。采用该技术需投入印刷机水辊系统的一次性改造费用及定期更换水辊的耗材费用。通过在源头原辅材料采用能量固化油墨替代技术,设备或工艺革新采用零醇润版胶印技术、自动橡皮布清洗技术来降低 VOCs 的产生量,在末端不进行治理的情况下,非甲烷总烃的排放浓度水平在 40～50 mg/m³。

可行技术 5: ① 能量固化油墨替代技术+② 无/低醇润湿液替代技术+③ 自动橡皮布清洗技术

该技术组合是预防技术路线,适用于纸包装、标签、票证的平版印刷工艺,不适用于直接接触食品的产品的印刷工艺。通过在源头原辅材料采用能量固化油墨替代技术、无/低醇润湿液替代技术,设备或工艺革新采用自动橡皮布清洗技术来降低 VOCs 的产生量,在末端不进行治理的情况下,非甲烷总烃的排放浓度水平在 20～30 mg/m³。

可行技术 6: ① 植物油基胶印油墨替代技术+② 无/低醇润湿液替代技术+③ 自动橡皮布清洗技术+④ 燃烧技术

该技术组合是预防技术+治理技术路线,适用于书刊、本册等的热固轮转胶印工艺,可采用无醇润湿液替代技术,烘箱一般自带二次燃烧装置。通过在源头原辅材料采用植物油基胶印油墨替代技术、无/低醇润湿液替代技术,设备或工艺革新采用自动橡皮布清洗技术来降低 VOCs 的产生量,在末端利用二次燃烧装置对污染物进行处理,非甲烷总烃的排放浓度水平在 10～30 mg/m³。

（2）凹版印刷废气污染防治可行技术路线

该标准针对凹版印刷共列出了 4 项大气污染防治可行技术。这 4 项大气污染防治可行技术包括预防技术和治理技术。

可行技术 7：① 水性凹印油墨替代技术+② 吸附技术+③ 燃烧技术

该技术组合是预防技术+治理技术路线，适用于部分色组或者生产线已经进行水性凹印油墨替代的塑料表印、塑料轻包装及纸张凹版印刷工艺废气处理。该可行技术路线通过在源头原辅材料采用水性凹印油墨替代技术降低 VOCs 的产生量，在末端采用吸附技术+燃烧技术对废气进行处理，非甲烷总烃的排放浓度水平在 15～40 mg/m³。典型治理技术路线为"水性凹印油墨替代技术+旋转式分子筛吸附浓缩+RTO"和"水性凹印油墨替代技术+活性炭吸附/旋转式分子筛吸附浓缩+CO"。

可行技术 8：① 吸附技术+② 冷凝技术

该技术组合是治理技术路线，适用于采用单一溶剂油墨的凹版印刷工艺废气处理，一般用于年溶剂使用量为 1 500 t 以上的大型企业。在末端采用吸附技术+冷凝技术对废气进行处理时，非甲烷总烃的排放浓度水平在 20～40 mg/m³。典型治理技术路线为"活性炭吸附+热氮气再生+冷凝回收"。

可行技术 9：① 燃烧技术

该技术是治理技术路线，适用于溶剂型凹版印刷工艺中烘箱的有组织废气的处理。在源头未采取削减措施，在末端采用燃烧技术对废气进行处理，非甲烷总烃的排放浓度水平在 10～40 mg/m³。大中型凹版印刷企业较适合采用该技术，通过余热回用后运行费用较低。典型治理技术路线为"减风增浓+RTO/CO"。

可行技术 10：① 吸附技术+② 燃烧技术

该技术组合是治理技术路线，适用于溶剂型凹版印刷工艺中烘箱的有组织废气与其他无组织废气混合后的治理，或无组织废气的单独处理。在源头未采取削减措施，在末端采用吸附技术+燃烧技术对废气进行处理时，非甲烷总烃的排放浓度水平在 15～40 mg/m³。典型治理技术路线为"旋转式分子筛吸附浓缩+RTO/CO"。

（3）凸版印刷废气污染防治可行技术路线

该标准针对凸版印刷共列出了 3 项大气污染防治可行技术。这 3 项大气污染防治可行技术包括预防技术和治理技术。

可行技术 11：① 吸附技术+② 燃烧技术

该技术组合是治理技术路线,适用于溶剂型凸版印刷工艺废气的处理。对于连续生产的企业适合用旋转式分子筛吸附浓缩,对于间歇生产的企业适合用活性炭吸附浓缩+间歇式脱附再生工艺。在源头未采取削减措施,在末端采用吸附技术+燃烧技术对废气进行处理时,非甲烷总烃的排放浓度水平在 30~40 mg/m³。典型治理技术路线为"旋转式分子筛吸附浓缩+RTO"和"活性炭吸附/旋转式分子筛吸附浓缩+CO"。

可行技术 12：① 水性凸印油墨替代技术

该技术是预防技术路线,适用于纸包装、标签、票证等的凸版印刷工艺。凸版印刷工艺油墨耗用量少,适合采用水性凸印油墨。通过在源头原辅材料采用水性凸印油墨替代技术来降低 VOCs 的产生量,在末端不进行治理的情况下,非甲烷总烃的排放浓度水平在 20~40 mg/m³。

可行技术 13：① 能量固化油墨替代技术

该技术是预防技术路线,适用于标签、票证等的凸版印刷工艺,不适用于直接接触食品的产品的印刷工艺。LED－UV 固化是目前较先进的 UV 固化方式,可以减少臭氧的产生。通过在源头原辅材料采用能量固化油墨替代技术降低 VOCs 的产生量,在末端不进行治理的情况下,非甲烷总烃的排放浓度水平小于 30 mg/m³。

（4）网版印刷废气污染防治可行技术路线

该标准针对网版印刷列出了 1 项大气污染防治可行技术,为预防技术。

可行技术 14：① 能量固化油墨替代技术

该技术是预防技术路线,适用于标签、票证等的网版印刷工艺,不适用于直接接触食品的产品的印刷工艺。通过在源头原辅材料采用能量固化油墨替代技术来降低 VOCs 的产生量,在末端不进行治理的情况下,非甲烷总烃的排放浓度水平小于 30 mg/m³。

（5）复合、涂布工艺废气污染防治可行技术路线

该标准针对复合、涂布工艺共列出了 5 项大气污染防治可行技术。这 5 项大气污染防治可行技术包括预防技术和治理技术。

可行技术 15：① 无溶剂复合技术

该技术是预防技术路线，适用于包装印刷的复合工序，对于软包装，常采用双组分胶黏剂；对于纸塑复合，常采用单组分胶黏剂。采用无溶剂复合技术，非甲烷总烃的排放浓度水平在 20~30 mg/m³。

可行技术 16：① 共挤出复合技术

该技术是预防技术路线，适用于包装印刷的复合膜生产工序。该技术只能用于热熔塑料与塑料的复合，其产品的原材料组合形式相对较少，适用范围较小。采用共挤出复合技术，非甲烷总烃的排放浓度水平在 20~30 mg/m³。

可行技术 17：① 水性胶黏剂替代技术

该技术是预防技术路线，适用于轻包装制品，如方便面、膨化食品包装的覆膜工艺，以及纸包装的复合工序。通过在源头原辅材料采用水性胶黏剂替代技术来降低 VOCs 的产生量，非甲烷总烃的排放浓度水平在 20~30 mg/m³。

可行技术 18：① 吸附技术+② 冷凝技术

该技术组合是治理技术路线，适用于干式复合工艺废气的处理，一般用于年溶剂使用量为 1 500 t 以上的大型企业。在末端采用吸附技术+冷凝技术对废气进行处理时，非甲烷总烃的排放浓度水平在 20~40 mg/m³。典型治理技术路线为"活性炭吸附+热氮气再生+冷凝回收"。

可行技术 19：① 燃烧技术

该技术是治理技术路线，适用于干式复合、涂布工艺废气的处理。在源头未采取预防措施，在末端采用燃烧技术对废气进行处理的情况下，非甲烷总烃的排放浓度水平在 10~40mg/m³。典型治理技术路线为"减风增浓+RTO/TO"，涂布工艺的无组织废气宜进行预浓缩后再通过 RTO 处理。当进行非连续生产或废气浓度水平波动较大时，应用该技术处理废气的能耗会增加。

（6）上光工艺废气污染防治可行技术路线

该标准针对上光工艺共列出了 2 项大气污染防治可行技术，均为预防技术。

可行技术 20：① 水性光油替代技术

该技术是预防技术路线，适用于书刊、画册等的上光工艺。通过在源头原辅材料采用水性光油替代技术来降低 VOCs 的产生量，在末端不进行治理的情况下，非甲烷总烃的排放浓度水平在 $20 \sim 30 \text{ mg/m}^3$。

可行技术 21：① UV 光油替代技术

该技术是预防技术路线，适用于纸张、金属的上光工艺，不适用于直接接触食品的产品的上光工艺。通过在源头原辅材料采用 UV 光油替代技术降低 VOCs 的产生量，在末端不进行治理的情况下，非甲烷总烃的排放浓度水平在 $20 \sim 30 \text{ mg/m}^3$。

3.《包装印刷业有机废气治理工程技术规范》（HJ 1163—2021）

在包装印刷生产中，产生的有机废气既有集中排放的有组织废气（如烘箱废气），也有量大面广的无组织废气（如调墨、润版、印刷，调胶/漆、涂胶、涂布、上光，清洗等工艺过程中产生的废气）。2021 年 4 月 30 日，生态环境部发布了《包装印刷业有机废气治理工程技术规范》（HJ 1163—2021），该标准规定了这些废气的治理工程应遵循的设计、施工、验收和运行维护的技术要求。

该标准详细地阐述了包装印刷企业在进行 VOCs 污染防治时需要遵循的总体要求、工艺设计、主要工艺设备和材料、检测与过程控制、主要辅助工程、劳动安全与职业卫生，以及施工与验收等多个方面的技术规范。

首先，包装印刷企业需要通过采用低 VOCs 含量原辅材料和清洁生产工艺技术，优先从源头减少污染物的产生。同时，优选回收治理措施，对可回收的物质、能量等进行回收利用。在达标排放的基础上，采用高效治理技术，最大程度削减污染物排放量。治理工程应和包装印刷生产工艺相适配，并作为生产系统的一部分进行管理。治理工程应符合国家和地方关于建设项目基本建设程序、建设项目环境保护设计等相关规定。治理工程的废气排放应符合国家和地方大气污染物排放标准、排污许可、环境影响评价文件及其审批意见、总量控制等相关要求。

其次,治理工程应包括废气收集系统、预处理单元、治理设施(设备)、风机与废气排放系统、工艺过程控制系统、污染物监测系统等多个主体工程,以及电气系统、燃料供给与燃烧系统、压缩空气系统、给排水与消防系统等辅助工程。治理工程应根据废气的性质和特点,通过技术经济可行性分析和安全性评价确定治理工艺。

同时,企业应建立治理工程相关的各项运行、维护规程和管理制度,按规程进行操作,定期对各类设备、电气仪表、建(构)筑物等进行检查维护,以保证治理工程稳定可靠运行。企业还应建立污染治理设施管理台账,记录治理设施的主要运行和维护信息。企业还应建立危险废物管理台账,委托有资质的单位处置废吸附剂等危险废物,严格执行危险废物转移联单制度。

此外,在治理工程的建设和运行过程中,企业应遵守国家和地方关于劳动安全与职业卫生的法律、法规、标准和规范要求。企业应对治理工程的管理和运行维护人员进行培训,使其掌握必要的知识和操作技能。企业还应根据应急预案要求,对治理工程的管理和运行维护人员开展应急培训、组织应急演练,保证事故发生时可及时有效地开展应急救援行动。

治理工程应在产生有机废气的生产工艺设备开启之前开启,在生产工艺设备停机之后关闭,实现与生产工艺设备的连锁控制。废气收集系统、处理设备等发生故障或检修时,对应的生产工艺设备应停止运行,待检修完毕后同步投入使用。

总之,该标准为包装印刷企业提供了一项全面而系统的 VOCs 污染控制方案,旨在指导企业在生产过程中最大限度地减少有害废气的排放,保护环境,实现可持续生产。

3.1.2 美国相关标准

美国对印刷业的挥发性有机物管控包括颁布排放标准和控制技术指南等。

排放标准方面,美国依照《清洁空气法》的相关要求,于 1996 年 5 月正式颁布实施《印刷出版业国家排放标准》,该标准主要针对出版业凹版印刷、产品和包装设备的凹版印刷以及宽网面柔性版印刷过程中排放的二甲苯、甲苯、乙苯、甲乙酮、甲基异丁基酮、甲醇、乙二醇和乙二醇醚等有害空气污染物(HAPs)提出了控制要求,而后于 2006 年 8 月对该标准进行了修订,完善了纸张及其他涂布过程中 HAPs 排放的控制内容。2011 年 4 月,美国国家环境保护局(EPA)对该标准又进行了修订,主要完善了在启动、关闭和出现故障等情形下相关的监管规定以及制定实施在线测试结果的要求等。

目前,美国主要执行 2011 年 4 月修订的《印刷出版业国家排放标准》。《印刷出版业国家排放标准》要求各企业必须采用最佳可利用控制技术(MACT)来控制 HAPs 的排放,通过使用不含 HAPs 的原材料、废气回收利用、使用控制技术等手段尽力降低印刷过程中 HAPs 的排放量。该标准针对印刷生产中可能出现的污染情况,做出了详细的规定。

对于出版物凹版印刷工艺要求每月有机 HAPs 的排放量不得超过总有机 HAPs 使用量的 8%,可以通过使用捕获控制技术或使用不含 HAPs 的其他物质代替含 HAPs 的原料,以及这两种控制方法相结合的控制技术,使 HAPs 的削减效率达到 92% 以上。对于产品和包装设备的凹版印刷、宽网面柔性版印刷等工艺要求每月有机 HAPs 的排放量不得超过总有机 HAPs 使用量的 5%;或不得超过当月使用的油墨、油漆、黏结剂、表面处理剂、溶剂、还原剂、稀释剂和其他原料总量的 4%;或不得超过当月使用固体量的 20%;或基于当月使用的油墨、油漆、黏结剂、表面处理剂、溶剂、还原剂、稀释剂和其他原料中的有机 HAPs 和固体含量而计算出的允许排放量。

在控制技术指南方面,合理可用的控制技术(RACT)法规是针对臭氧未达标区现有污染源的技术型法规,其目标是制定合理可行的控制技术,这是 EPA 以技术经济性为首要考虑因素选择的一类技术的总称。RACT 法规由 EPA 制定,并以控制技术指南的形式发布给各州及各地区环保局,由各州及各地区环保局参考指南,确定本州及地区的 RACT 法规。1978 年,EPA 首先发布了《软包装印刷业控制技术指南》,1993 年又发布另一份《胶印和凸版印刷业控制技术指南》,这两份指南成为大部分州及地区 RACT 法规的直接依据。截至 2006 年,EPA 为提高削减要求而再次修订上述指南时,美国已有 1 734 个州及地区机构分别颁布了胶印和凸版印刷业 RACT 法规,以及软包装印刷业 RACT 法规,法规中主要针对印刷耗材的 VOCs 含量及印刷设施排放废气的净化效率值进行了规定。

除此以外,生产者必须按照规定的监测方法监测排放的有害空气污染物的浓度和体积流量,并跟踪记录监测结果。

3.1.3 欧盟相关标准

欧盟对印刷业 VOCs 的管控主要包括欧盟理事会 1996 年颁布的《综合污染防控指令》(1996/61/EC)和 1999 年颁布的《溶剂排放指令》(1999/13/EC),这两项指令对相关工业活动中的挥发性有机物做出了排放限制。

现行的《综合污染防控指令》(1996/61/EC)为 2008 年修订版,对特定的产业活动设备制定了以最佳可行技术(BAT)为基础的排放基准,以尽量避免污染物排放。该指令的 5 个基本原则包括综合性方法、最佳可行技术(BAT)、灵活性、可检测性、公众参与性。该指令要求欧盟各成员方对印刷业实行基于 BAT 的排放许可制度,BAT 文件包含软包装凹印和柔印、出版物轮转凹印、热固轮转胶印 3 类印刷业污染源的控制技术及其削减效率要求。

《综合污染防控指令》(1996/61/EC)要求欧盟各成员方履行与该法规相关的义务,包括实施减少工业排放挥发性有机物的计划,在成员方之间交流有关工业污染控制的信息,监督生产者监测排放数据及每隔 3 年各成员方需提交法规执行情况报告等。部分欧盟成员方也建立了相关协助机构,如德国的清洁生产中心,要求排放 VOCs 的浓度和回收率分别为 0.15 g/m^3 和 99.99%,并要求相关企业提供工业领域的清洁生产技术和环境管理信息。另外,以德国为首的欧盟成员方还通过环境管理体系认证、环保设备认证、行业倡议等方式,加强了对原材料和生产过程的污染管控工作。

《溶剂排放指令》(1999/13/EC)的目的是降低 VOCs 的直接或间接排放对环境空气的影响,以及对人体健康的潜在风险。其中,对包装印刷行业热固型卷筒纸胶印、轮转凹版印刷、柔性版印刷和轮转丝网印刷中的 VOCs 排放限值做了规定,具体见表 3-5。

表 3-5　《溶剂排放指令》(1999/13/EC)(仅摘录包装印刷行业的部分)

工业活动(每年溶剂消耗量,t/a)	溶剂消耗限值/(t/a)	废气中挥发性有机物排放限值/(mg/m³)	逃逸溶剂限值(投入使用溶剂的百分数)/%	
			新建	已有
热固型卷筒纸胶印(平版印刷)(大于15)	15~25 大于25	100 20	30ᵃ 30ᵃ	
轮转凹版印刷(大于25)		75	10	15
其他凹版印刷、柔性版印刷、轮转丝网印刷、覆膜或上光单元(大于15)以及纺织品/纸板轮转丝网印刷(大于30)	15~25 大于25 大于30ᵇ	100 100 100	25 20 20	

a. 残留在产品中的溶剂不计为逃逸溶剂。
b. 纺织品/纸板轮转丝网印刷的阈值。

　　除了对包装印刷过程中挥发性有机物排放的限制外,该法规还允许生产者制定符合生产实际情况的污染物排放削减方案。该法规同时要求欧盟各成员方履行与该法规相关的义务。

3.1.4　日本相关标准

　　日本对印刷业 VOCs 的管控主要包括对排放限值的规定和制定配套的技术规范以及进一步的绿色印刷服务标准。

　　日本早期对 VOCs 污染的控制始于《环境基本法》《恶臭防止法》中对光化学氧化剂、恶臭物质的限制。1994 年,《恶臭防止法》为印刷车间排放的甲苯、二甲苯、乙酸乙酯、异丁醇等 8 种物质设置了厂界浓度限值。2006 年 4 月,针对工业 VOCs 排放设施的控制法规正式实施。其中要求轮转胶印用烘干设备、凹印用烘干设备的排放浓度必须小于 0.04% 和 0.07%(以碳原子个数计)。法规同时还鼓励其他未受限的设施实行自主减排。

　　为了进一步推进印刷行业的环保工作,日本印刷产业联合会于 2006—

2007 年对《胶版印刷服务》《凹版印刷服务》《贴纸印刷服务》与《丝网印刷服务》绿色标准进行了修订。这些绿色标准针对印刷行业的材料采购、工艺以及企业自主的污染控制行为进行了规定与指引。通过这些标准的制定，日本印刷产业联合会希望能够帮助企业减少有害物质的排放，保护环境，从而保障人民的健康。

3.1.5 IFC 相关标准

国际金融组织的《印刷业 EHS 指南》中对印刷业 VOCs 排放有具体的要求，主要包括预防和控制 VOCs 排放的推荐对策以及针对包装印刷行业平版印刷或胶印、凹版印刷或轮转凹版印刷、柔性版印刷、丝网印刷和凸版印刷的 VOCs 控制指标，见表 3-6。

表 3-6 《印刷业 EHS 指南》中印刷业废气的排放标准

污　染　物	排放标准/（mg/m³）
挥发性有机物[a,b]	100
挥发性有机物[a,c]	20
挥发性有机物[a,d]	75
挥发性有机物[a,e]	100
颗粒物[f]	50
氮氧化物[g]	100~500
异氰酸酯[h]	0.1

a. 按照总碳计算。

b. 热固型卷筒纸胶印溶剂消耗量：15~25 t/a。

c. 热固型卷筒纸胶印溶剂消耗量>25 t/a。

d. 轮转凹版印刷溶剂消耗量>25 t/a。

e. 其他轮转凹版印刷、柔性版印刷、轮转丝网印刷、覆膜或上光机组的溶剂消耗量>15 t/a，在织物/纸板上进行轮转丝网印刷的溶剂消耗量>30 t/a。

f. 对各密封源，取 30 min 的平均值。来自所有过程。

g. 30 min 的平均值。来自涡轮、摆动发动机或者用作 VOCs 消除设备的锅炉。

h. 30 min 的平均值，不包括颗粒物，以异氰酸酯为表征物。来自所有使用异氰酸酯的过程。

该指南指出印刷业的 VOCs 向大气的排放占行业内有毒物质总排放量的比例相当大,是 98%～99%。VOCs 在印刷业中的主要来源是墨斗内的物质蒸发出的异丙醇和乙醇,以及印刷车间使用的清洗溶液中的有机溶剂。上光过程中使用的溶剂型亮油和层压过程中使用的溶剂型胶水都可能产生大量的 VOCs。此外,装订、覆膜、上光和烘干操作,以及清洗、油墨的储藏及混合和打样等步骤也可能产生 VOCs。

此外,生产工艺中的某些特定环节,例如胶印的制版过程和凸版印刷、柔性版印刷中感光性树脂版的清洗(使用全氯乙烯),丝网印刷中的丝网清洗,以及凹版印刷滚筒蚀刻中的显影和烘干等,都可能会产生乙醇等 VOCs。

尽管印前和成像过程中没有明显的 VOCs 排放,但显影液和定影液可能会产生含硫化合物等。晒图过程可能会产生氨,过时的工艺可能会产生异味。该指南中的附录 B 还列出了与印刷业相关的潜在有毒物质,包括 VOCs,见表 3-7。

表 3-7 印刷工业活动中可能存在的化合物

类 别	化 学 物 质
水性油墨和上光油	氨水、锌
水性-溶剂型油墨	乙苯、乙二醇、二醇醚、甲苯、二异氰酸酯
溶剂型油墨和上光油	正己烷、甲乙酮、甲醇、环氧丙烷、二甲苯、甲基异丁基酮、异丙醇、乙酸乙酯、乙醇、乙酸丙酯、丁醇、2-丁氧乙醇、丙酮
颜料	钡、铬、镉、铜、铬酸铅、锰、锌
油墨溶剂	n-丁醇、异佛尔酮
油墨催化剂或者干燥延缓剂	锰、三氯乙烷、二甲苯
清洗溶剂组分	苯、异丙基苯、环己烷、乙苯、己烷、三氯乙烷、甲乙酮、二氯甲烷、萘、甲苯、二甲苯、1,2,4-三甲苯、异丙醇

续　表

类　　别	化 学 物 质
清洗溶剂润版液添加剂组分	二苷酸、乙二醇、乙二醇醚、磷酸
镀铜溶液组分	乙二醇、二氯甲烷
黏合剂/喷射黏胶	己烷、三氯乙烷、乙酸乙烯、异丙醇
油墨和涂层可塑剂	邻苯二甲酸二丁酯
软片显影剂	二乙醇胺、甲醛、对苯二酚、苯酚
印版显影剂	全氯乙烯、苯酚
软片去污剂	正己烷、二氯甲苯
去污剂/蚀刻剂	硝酸、磷酸、全氯乙烯
橡皮布/辊清洗溶剂	异丙苯、乙苯、萘、甲醇、三氯乙烷、二氯甲烷、二甲苯

同时,该指南提出了削减 VOCs 排放的对策,涵盖了从材料选择、工艺改善、二次控制到管理计划的各个方面。

(1)替代有害有机化合物或减少有害有机化合物的消耗:建议使用不含或含有少量 VOCs 的材料和产生较少 VOCs 的加工手段。例如,使用水性脱脂溶剂代替含氯溶剂;减少使用含有苯、甲苯和其他芳香族碳氢化合物以及乙酸的溶剂;使用水性油墨、植物油基油墨和 UV 油墨;使用含低浓度挥发性成分的润版液、清洁液或植物油基清洗药剂;使用闪点为 55℃的印刷机清洗溶剂;在成像和制版阶段使用计算机直接制版技术(CTP);采用无水胶印等。

(2)改进过程以最小化 VOCs 的散失:建议采用自动清洗系统和橡皮布自动清洗系统;使用泵压传送系统对大型柔性版印刷机中的墨斗进行再填充;在平版印刷中使用冷冻循环泵控制润版液中异丙基乙醇的排放;在柔性版印刷中使用密封刮磨刀或活性炭回收 VOCs;建立溶剂回收和循环体系,包括润版液联机过滤器和溶剂蒸馏单元;将所有溶剂、清洗液以及被污染的抹布织物密闭保存等。

（3）二次控制以处理残留排放：对于轮转凹版印刷中的酮基油墨和使用不同混合溶剂以外的轮转凹版/柔性版印刷设备，可以使用活性炭吸附剂；对大部分耗能型凹版印刷和柔性版印刷设备，可以使用浓缩加燃烧/热能回用；对长期生产某具体产品的设备，可以使用催化热氧化剂，但要考虑催化剂中毒。

（4）实施管理计划：包括核查排放限值的执行，提供所有来源的溶剂排放的量化措施；对未来减量措施进行鉴定，包括确立执行时间表，记录溶剂的年消耗量和年排放量。

整体上，这些措施旨在降低 VOCs 的使用和排放，提高生产效率，同时保护环境。

3.2　中国各地方标准

3.2.1　北京相关标准

北京市于 2023 年对 2015 年发布的《印刷业挥发性有机物排放标准》（DB 11/1201—2015）进行了修订，标准名称修改为《印刷工业大气污染物排放标准》（DB 11/1201—2023），于 2023 年 4 月 24 日正式发布，于 2024 年 1 月 1 日起实施。

标准按照全过程管控思路，从含 VOCs 原辅材料、有组织和无组织排放控制、台账等方面，对北京市印刷工业大气污染物排放控制提出了具体要求。根据国家标准及当前技术发展，主要拓展了标准管控范围，由 VOCs 扩大到全部大气污染物；完善了含 VOCs 原辅材料的要求，管控类型、检测方法等与国家标准实现全面衔接，对溶剂型油墨、清洗剂等产品加严限值，促进源头替代；调整了有组织管控指标，增加了污染物项目、管控环节；提高了 VOCs 处理效率要求；细化了无组织管控要求，承接国家要求实行全链条管控，创新性地提出车间微负压等。

标准对印刷生产过程使用的原辅材料 VOCs 含量限值，采取了分级管理。

（1）水性油墨、胶印油墨、能量固化油墨、雕刻凹印油墨 VOCs 含量限值应符合 GB 38507—2020 的要求，其他油墨 VOCs 含量应小于等于 30%。

（2）清洗剂 VOCs 含量按标准分类，水基清洗剂 VOCs 含量限值应符合 GB 38508—2020 的要求，其他清洗剂 VOCs 含量应小于等于 300 g/L。

（3）胶黏剂 VOCs 含量按标准分类，水性胶黏剂 VOCs 含量限值应符合 GB 33372—2020 的要求，其他胶黏剂 VOCs 含量应小于等于 100 g/L。

（4）涂料 VOCs 含量按标准分类，水性涂料 VOCs 含量限值应符合 GB 30981—2020 的要求，其他涂料 VOCs 含量应小于等于 550 g/L。

水性和低 VOCs 产品，规定其 VOCs 含量应符合相关国家标准的要求。对于现有企业使用的产品，应给予相对宽松的过渡期，但要求其 VOCs 含量不能超过规定值。新建企业使用的产品，应符合国家标准或不超过规定浓度限值。同时，针对不同原辅材料如油墨、清洗剂、胶黏剂、涂料等进行了细分管理，给出了其 VOCs 含量的具体限值。低 VOCs 含量产品要求见表 3-8。

表 3-8　低 VOCs 含量产品要求

产品类别	低 VOCs 含量产品要求
油　墨	水性油墨、胶印油墨、能量固化油墨、雕刻凹印油墨需符合 GB 38507—2020 中的限值要求
清洗剂	水基清洗剂、低 VOCs 含量半水基清洗剂需符合 GB 38508—2020 中的限值要求
胶黏剂	水性胶黏剂、本体型胶黏剂需符合 GB 33372—2020 中的限值要求
润版液	润版液需符合 DB 11/1201—2023 4.5 条中的限值要求
上光油	上光油需符合 DB 11/1201—2023 4.6 条中的限值要求

注：国家有最新要求的，从其规定。

标准对有组织排放的要求见表 3-9，同时车间或生产设施排气中 NMHC 的初始排放速率≥2 kg/h 时，VOCs 处理设施的处理效率不应低于

80%(采用的原辅材料符合表 3-8 中有关低 VOCs 含量产品要求的除外)。此外,标准中还规定了 VOCs 燃烧(焚烧、氧化)装置除需满足表 3-9 中的大气污染物排放要求外,还需对排放烟气中的二氧化硫和氮氧化物进行控制,见表 3-10。

表 3-9　大气污染物排放限值

污　染　物	排放限值/(mg/m³)	监　控　位　置
苯	0.5	车间、生产设施及其他有组织排气筒
苯系物[a]	10	
NMHC	30	
颗粒物[b]	10	
氮氧化物[c]	100	

a. 苯系物包括苯、甲苯、二甲苯、三甲苯、乙苯和苯乙烯。根据企业使用的原辅材料配方情况,确定是否监测三甲苯。
b. 有纸毛收集系统、挤出复合工序和热熔复合工序的车间或生产设施排气筒,需监控颗粒物。
c. 采用非电能源的烘干装置排气筒,需监控氮氧化物。

表 3-10　VOCs 燃烧(焚烧、氧化)装置大气污染物排放限值

污　染　物	排放限值/(mg/m³)	监　控　位　置
二氧化硫[a]	20	VOCs 燃烧(焚烧、氧化)装置排气筒
氮氧化物	100	

a. 仅以电或天然气为能源的 VOCs 燃烧(焚烧、氧化)装置排气筒可不监控该项目。

标准对于无组织管控的要求主要包括以下几个方面。

(1)储存过程:涉及 VOCs 的所有物料,如油墨、稀释剂、润版液、异丙醇、胶黏剂、涂料、上光油、清洗剂、废油墨、废清洗剂、废擦机布等,应储存在密闭的容器或包装袋中,并在非取用状态时保持密闭。

（2）厂内转移和输送过程：涉及 VOCs 的所有物料应采用密闭管道输送，或通过密闭的容器、包装袋进行转移。

（3）工艺过程：涉及 VOCs 物料的所有工艺过程，包括印刷、干燥、清洗、上光、覆膜、复合、涂布等，应采用密闭设备或在密闭空间内操作，并将废气排至 VOCs 废气收集处理系统。

（4）设备与管线组件：载有气态或液态 VOCs 物料的设备与管线组件的密封点大于等于 2 000 个时，应开展泄漏检测与修复工作。

（5）废水液面：印刷企业废水液面 VOCs 无组织排放控制要求应符合 GB 37822—2019 的规定，其中废水储存、处理设施排放的废气应满足表 3-9、表 3-10 及标准中 5.2 条的要求。

（6）VOCs 无组织排放废气收集处理系统：企业应考虑印刷生产工艺、操作方式、废气性质、污染物种类、浓度水平等因素，对 VOCs 废气进行收集处理。废气收集处理系统排风罩（集气罩）的设置应符合 GB/T 16758—2008 的规定。

以上要求旨在确保企业能够有效地控制和减少 VOCs 的无组织排放，企业厂区内 VOCs 无组织排放限值见表 3-11。厂界污染监控对苯的浓度进行规定，边界任何 1 h 大气污染物的平均浓度不得超过 0.1 mg/m³，取消《印刷业挥发性有机物排放标准》（DB 11/1201—2015）中，对无组织排放甲苯、二甲苯和非甲烷总烃的规定。

表 3-11　企业厂区内 VOCs 无组织排放限值

污 染 物	排放限值 /(mg/m³)	限 值 含 义	监 控 位 置
NMHC	3	监控点处 1 h 平均浓度值	无组织排放监控点
	10	监控点处任意一次浓度值	

3.2.2　上海相关标准

上海市于 2015 年颁布了《印刷业大气污染物排放标准》（DB 31/872—

2015),于 2015 年 3 月起开始实施。该标准规定了上海市印刷行业 VOCs 的有组织和无组织排放指标,见表 3 - 12~表 3 - 14。

表 3 - 12　即用状态印刷油墨 VOCs 含量限值

印刷油墨种类		VOCs 含量限值 /(g/kg)
平版油墨 (能量固化油墨除外)	热固轮转油墨	300
	印铁油墨	700
	单张纸/冷固轮转油墨	150
柔性版油墨	水性油墨	200
	溶剂型油墨	500
凹版油墨	水性油墨	300
	溶剂型油墨	800

注:即用状态印刷油墨 VOCs 含量限值指每千克即用油墨中含有的 VOCs 克重。

表 3 - 13　废气排放口浓度限值

污染物	最高允许排放浓度 /(mg/m³)	最高允许排放速率 /(kg/h)	污染排放 监控位置
苯	1	0.03	车间或生产 设施排气筒
甲苯	3	0.1	
二甲苯	12	0.4	
非甲烷总烃(NMHC)	50	1.5[a]	
颗粒物	20	0.45	

a. 当 NMHC 的去除效率不低于 90%时,等同于满足最高允许排放速率限值要求。

表 3-14 无组织排放限值

污 染 物	限值/（mg/m³）
苯	0.1
甲苯	0.2
二甲苯	0.2
非甲烷总烃（NMHC）	4.0

3.2.3 广东相关标准

广东省于 2010 年颁布了《印刷行业挥发性有机化合物排放标准》（DB 44/815—2010），这是一部专门针对印刷行业的挥发性有机物排放的地方标准。该标准规定了即用状态印刷油墨 VOCs 含量限值；按照印刷方式的不同，规定了印刷过程中 VOCs 排放浓度及排放速率要求，见表 3-15、表 3-16，并提出了管理控制要求。

表 3-15 即用状态印刷油墨 VOCs 含量限值

印刷油墨种类	VOCs 含量的最高限值/（g/L）	
	Ⅰ时段	Ⅱ时段
用于不透气承印物的柔性版油墨	—	300
用于透气承印物的柔性版油墨	225	225
用于不透气承印物的平版油墨	—	700
用于透气承印物的平版油墨（热固油墨除外）	300	300
凸版油墨	300	300

表 3-16 排气筒 VOCs 排放限值

印 刷 方 式	污染物	最高允许排放浓度 /(mg/m³)		最高允许排放速率 /(kg/h)	
		Ⅰ 时段	Ⅱ 时段	Ⅰ 时段	Ⅱ 时段
平版印刷（不含以金属、陶瓷、玻璃为承印物的平版印刷）、柔性版印刷	苯	1	1	0.4	0.4
	甲苯与二甲苯合计	30	15	1.8ª	1.6ª
	总挥发性有机物（TVOC）	120	80	5.4	5.1
凹版印刷、凸版印刷、丝网印刷、平版印刷（以金属、陶瓷、玻璃为承印物的平版印刷）	苯	1	1	0.4	0.4
	甲苯与二甲苯合计	30	15	1.8ª	1.6ª
	总挥发性有机物（TVOC）	180	120	5.4	5.1

a. 二甲苯的排放速率不得超过 1.0 kg/h。

3.2.4 天津相关标准

天津市于 2020 年 10 月发布了《工业企业挥发性有机物排放控制标准》（DB 12/524—2020，代替 DB 12/524—2014），根据行业不同给出了不同污染物的最高允许排放浓度限值和最高允许排放速率限值，其中印刷行业 VOCs 排放限值要求见表 3-17。

表 3-17 排气筒 VOCs 排放限值

行业（工艺设施）	污染物	最高允许排放浓度 /(mg/m³)	最高允许排放速率/(kg/h)				
			15 m	20 m	30 m	40 m	50 m
印刷工业（制版、印刷、涂布、印后加工等工艺）	苯	1	0.2	0.3	0.9	1.2	1.5
	甲苯与二甲苯合计	15	0.5	1.7	6.0	10.2	17.0
	非甲烷总烃	30	0.9	2.0	7.1	11.2	19.4
	TRVOCª	50	1.5	3.4	11.9	18.7	32.3

a. TRVOC 为总反应活性挥发性有机物。

3.2.5 重庆相关标准

重庆市于 2017 年 4 月发布了《包装印刷业大气污染物排放标准》(DB 50/758—2017)。该标准按照城区划分规定了印刷行业 VOCs 排放限值要求,见表 3 - 18 ~ 表 3 - 21。自标准实施之日起按表 3 - 18 中的规定执行 I 时段标准,自 2018 年 7 月 1 日起按表 3 - 19 中的规定执行 II 时段标准。

表 3 - 18　I 时段执行的企业排气筒大气污染物排放限值

污 染 物	最高允许排放浓度/(mg/m³)		最高允许排放速率[b]/(kg/h)	
	主城区	其他区域	主城区	其他区域
苯	6	6	0.5	0.5
甲苯与二甲苯合计	70	80	4.1	4.1
非甲烷总烃	100	120	10	10
TVOC[a]	120	140	14	14
颗粒物	50	100	1.6	3.2
二氧化硫[c]	200	300	—	—
氮氧化物[c]	200	300	—	—

a. 选择性指标。
b. 当非甲烷总烃的去除效率不低于 90% 时,等同于满足最高允许排放速率限值要求。
c. 仅适用于燃烧类处理设施。

表 3 - 19　II 时段执行的企业排气筒大气污染物排放限值

污 染 物	最高允许排放浓度/(mg/m³)		最高允许排放速率[b]/(kg/h)	
	主城区	其他区域	主城区	其他区域
苯	1	1	0.36	0.4
甲苯与二甲苯合计	15	18	1.6	1.9

污 染 物	最高允许排放浓度/(mg/m³)		最高允许排放速率ᵇ/(kg/h)	
	主城区	其他区域	主城区	其他区域
非甲烷总烃	60	80	4.3	5.1
TVOCᵃ	80	100	5.7	7.2
颗粒物	50	100	1.6	3.2
二氧化硫ᶜ	200	300	—	—
氮氧化物ᶜ	200	300	—	—

a. 选择性指标。
b. 当非甲烷总烃的去除效率不低于 90% 时,等同于满足最高允许排放速率限值要求。
c. 仅适用于燃烧类处理设施。

表 3-20　印刷生产场所大气污染物浓度限值

污 染 物	苯	甲苯与二甲苯合计	非甲烷总烃	TVOCᵃ
浓度限值/(mg/m³)	0.1	2	6.0	8.0

a. 选择性指标。

表 3-21　企业边界大气污染物浓度限值

污 染 物	苯	甲苯与二甲苯合计	非甲烷总烃	TVOCᵃ
浓度限值/(mg/m³)	0.1	0.8	4.0	6.0

a. 选择性指标。

3.2.6　山东相关标准

山东省于 2017 年颁布了《挥发性有机物排放标准 第 4 部分:印刷业》(DB 37/2801.4—2017),该标准规定了即用状态印刷油墨 VOCs 含量限值、印刷工艺过程中 VOCs 排放浓度及排放速率要求,以及无组织排放浓度限值,见表 3-22~表 3-24,并提出了管理控制要求。

表 3－22　即用状态印刷油墨 VOCs 含量限值

印刷油墨种类		VOCs 含量限值/%
平版印刷油墨	单张纸/冷固轮转油墨	3
	热固轮转油墨	10
	印铁油墨	30
凸版印刷油墨	水性油墨	10
	溶剂型油墨	30
凹版印刷油墨	水性油墨	30
	溶剂型油墨	30

表 3－23　印刷生产活动排气筒挥发性有机物排放限值

污染物	最高允许排放浓度 /(mg/m³)	最高允许排放速率/(kg/h)（排气筒高度 $H \geqslant 15$ m）
苯	0.5	0.03
甲苯	3	0.1
二甲苯	10	0.4
VOCs	50	1.5

表 3－24　厂界无组织监控点挥发性有机物浓度限值

污染物	浓度限值/(mg/m³)
苯	0.1
甲苯	0.2
二甲苯	0.2
VOCs	2.0

3.2.7　河北相关标准

河北省于 2017 年颁布了《印刷行业挥发性有机物排放标准》(征求意见稿),该标准规定了即用状态印刷油墨 VOCs 含量限值;按照印刷工艺的不同规定了印刷工艺过程中 VOCs 排放限值及排放速率要求,见表 3 - 25 ~ 表 3 - 27,并提出了管理控制要求。

表 3 - 25　即用状态印刷油墨挥发性有机物含量限值

印刷油墨种类		VOCs 含量限值/%[a]
平板印刷油墨 (能量固化油墨除外)	热固轮转油墨	25
	单张纸/冷固轮转油墨	4
凹版印刷油墨	水性油墨	30
	溶剂型油墨	70
凸版印刷油墨	水性油墨	30
	溶剂型油墨	70
柔性版印刷油墨	水性油墨	10
	溶剂型油墨	60

a. 随着水性油墨技术不断成熟,逐渐替代溶剂型油墨。

表 3 - 26　挥发性有机物排放浓度限值

印刷工艺	污染物	最高允许排放浓度/(mg/m³)	最高允许排放速率/(kg/h)	污染排放监控位置
平版印刷(不含以金属、陶瓷、玻璃为承印物的平版印刷)、柔性版印刷的制版、印刷、涂布、印后加工等工艺	苯	1	0.2	车间或生产设施排放筒
	甲苯与二甲苯合计	15	0.5	
	非甲烷总烃	40	1.5[a]	

续 表

印 刷 工 艺	污染物	最高允许排放浓度 /(mg/m³)	最高允许排放速率 /(kg/h)	污染排放监控位置
凹版印刷、凸版印刷、孔版印刷、平版印刷(其他)的制版、印刷、涂布、印后加工等工艺	苯	1	0.2	车间或生产设施排放筒
	甲苯与二甲苯合计	15	0.5	
	非甲烷总烃	50	1.5	

a. 当非甲烷总烃的去除效率不低于90%时,等同于满足最高允许排放速率限值要求。

表 3 - 27 无组织排放监控点浓度限值

污 染 物	监 控 位 置	浓度限值/(mg/m³)
苯	厂界	0.1
	生产车间或生产设备边界[a]	0.4
甲苯与二甲苯合计	厂界	0.7
	生产车间或生产设备边界[a]	2.2
非甲烷总烃	厂界	2.0
	生产车间或生产设备边界[a]	4.0

a. 本限值仅在排气筒去除效率不满足70%的情况下执行。

3.2.8 福建相关标准

福建省于 2018 年 8 月颁布了《印刷行业挥发性有机物排放标准》(DB 35/1784—2018),该标准规定了印刷工艺过程中 VOCs 排放浓度及排放速率要求,见表 3 - 28~表 3 - 30,并提出了管理控制要求。

表 3 - 28　排气筒监控点 VOCs 排放限值

污 染 物	最高允许排放浓度 /(mg/m³)	最高允许排放速率 /(kg/h)
苯	1	0.2
甲苯	3	0.3
二甲苯	12	0.5
非甲烷总烃	50	1.5ᵃ

a. 当非甲烷总烃的去除效率≥90%时,等同于满足最高允许排放速率限值要求。

表 3 - 29　厂区内监控点 VOCs 浓度限值

污 染 物	限值/(mg/m³)
非甲烷总烃	8.0

表 3 - 30　企业边界监控点 VOCs 浓度限值

污 染 物	限值/(mg/m³)
苯	0.1
甲苯	0.6
二甲苯	0.2
非甲烷总烃	2.0

3.2.9　辽宁相关标准

辽宁省于 2019 年 6 月颁布了《印刷业挥发性有机物排放标准》(DB 21/3161—2019),于 2019 年 12 月实施。该标准规定了辽宁省印刷行业 VOCs 的有组织和无组织排放指标,见表 3 - 31、表 3 - 32。

表 3 - 31 挥发性有机物排放控制限值

污 染 物	最高允许排放浓度/(mg/m³)	最高允许排放速率/(kg/h)	监控位置
苯	1	0.2	车间或生产设施排气筒
甲苯	3	0.3	
二甲苯	12	0.5	
非甲烷总烃（NMHC）	50	1.5ª	
总挥发性有机物（TVOC）	80	2.0ª	

a. 当非甲烷总烃（NMHC）和挥发性有机物（VOCs）的去除效率≥90%时，等同于满足最高允许排放速率限值要求。

表 3 - 32 厂界无组织排放监控点挥发性有机物浓度限值

污 染 物	浓度限值/(mg/m³)
苯	0.1
甲苯	0.2
二甲苯	0.2
非甲烷总烃（NMHC）	2.0

3.2.10 湖南相关标准

湖南省于 2017 年 12 月颁布了《印刷业挥发性有机物排放标准》（DB 43/1357—2017），于 2018 年 1 月实施。该标准规定了湖南省印刷行业 VOCs 的有组织和无组织排放指标，见表 3 - 33、表 3 - 34。

表 3 - 33　印刷生产活动排气筒挥发性有机物排放限值

污染物	最高允许排放浓度 /（mg/m³）	最高允许排放速率/（kg/h） （排气筒高度 $H \geqslant 15$ m）
苯	1	0.2
甲苯	3	0.3
二甲苯	12	0.5
非甲烷总烃	50	2.0
挥发性有机物	100	4.0

表 3 - 34　无组织排放监控点挥发性有机物浓度限值

污染物	浓度限值/（mg/m³）	
	厂　界	厂　区
挥发性有机物	4.0	10.0

3.2.11　河南相关标准

河南省于 2020 年 5 月颁布了《印刷工业挥发性有机物排放标准》（DB 41/1956—2020）。该标准规定了河南省印刷企业印刷工艺过程中 VOCs 排放浓度及排放速率要求（表 3 - 35～表 3 - 37），以及挥发性有机物的排放控制要求、监测要求、实施与监督要求等。

表 3 - 35　VOCs 有组织排放限值

污染物	最高允许排放浓度 /（mg/m³）	最高允许排放速率 /（kg/h）
苯	0.5	0.1
甲苯与二甲苯合计	8	0.5
非甲烷总烃	40	1.0

表 3-36　厂区内 VOCs 无组织排放浓度限值

污 染 物	浓度限值/(mg/m³)
非甲烷总烃	6(监控点处 1 h 平均浓度值)
	20(监控点处任意一次浓度值)

表 3-37　企业边界 VOCs 无组织排放浓度限值

污 染 物	浓度限值/(mg/m³)
苯	0.1
甲苯与二甲苯合计	0.4

3.2.12　四川相关标准

四川省于 2017 年 7 月颁布了《四川省固定污染源大气挥发性有机物排放标准》(DB 51/2377—2017),于 2017 年 10 月实施。该标准规定了四川省印刷企业挥发性有机物的排放控制要求,见表 3-38、表 3-39。自 2018 年 1 月 1 日起,全省新建企业执行第二阶段排气筒挥发性有机物排放限值。

表 3-38　第一阶段排气筒挥发性有机物排放限值

工艺	污染物	最高允许排放浓度/(mg/m³)	与排气筒高度对应的最高允许排放速率/(kg/h)				最低去除效率/%ᵃ
			15 m	20 m	30 m	40 m	—
印刷、烘干等	苯	1	0.3	0.5	1.4	2.5	—
	甲苯	5	0.8	1.6	4.8	8.4	—
	二甲苯	15	1.0	1.7	5.9	10	—
	VOCs	80	4.0	8.0	24	42	70

a. 最低去除效率要求仅适用于处理风量大于 10 000 m³/h,且进口 VOCs 浓度大于 200 mg/m³ 的净化设施。

表 3－39 第二阶段排气筒挥发性有机物排放限值

工艺	污染物	最高允许排放浓度/(mg/m³)	与排气筒高度对应的最高允许排放速率/(kg/h)				最低去除效率/%ª
			15 m	20 m	30 m	40 m	—
印刷、烘干等	苯	1	0.2	0.4	1.2	2.1	—
	甲苯	3	0.6	1.4	4.1	7.1	—
	二甲苯	12	0.9	1.4	5.0	8.5	—
	VOCs	60	3.4	6.8	20	36	80

a. 最低去除效率要求仅适用于处理风量大于 10 000 m³/h,且进口 VOCs 浓度大于 200 mg/m³ 的净化设施。

3.2.13 陕西相关标准

陕西省于 2017 年 1 月颁布了《挥发性有机物排放控制标准》(DB 61/T1061—2017),于 2017 年 2 月实施。该标准规定了陕西省各行业挥发性有机物的排放浓度限值,印刷行业挥发性有机物的排放浓度限值见表 3－40~表 3－42。

表 3－40 印刷行业有组织排放限值

污 染 物	最高允许排放浓度/(mg/m³)	NMHC 最低去除效率ª	监控位置
苯	1	—	车间或生产设施排气筒
甲苯	3	—	
二甲苯	12	—	
乙酸酯类	50	—	
非甲烷总烃	50	80%(85%)	

a. 关中地区(西安、宝鸡、咸阳、铜川、渭南、杨凌农业高新技术产业示范区、西咸新区和韩城)执行括号内的限值。

表 3‑41 印刷行业厂区内监控点浓度限值

污 染 物	最高允许浓度/(mg/m³)
非甲烷总烃	10

表 3‑42 印刷行业企业边界监控点浓度限值

污 染 物	最高允许浓度/(mg/m³)
乙酸酯类	1.5
非甲烷总烃	3

3.2.14 吉林相关标准

吉林省于 2017 年 12 月颁布了《印刷业挥发性有机化合物排放标准》（DB 22 / T 2789—2017），于 2018 年 4 月实施。该标准规定了吉林省印刷企业挥发性有机物的排放控制要求、监测要求、实施与监督要求等，见表 3‑43、表 3‑44。

表 3‑43 排气筒挥发性有机物排放限值

污 染 物	最高允许排放浓度/(mg/m³)	最高允许排放速率/(kg/h)
苯	1	0.2
甲苯	3	0.6
二甲苯	12	0.8
VOCs	60	2.4

注：VOCs 为苯、甲苯、乙苯、二甲苯、苯乙烯、乙酸乙酯、丙酮、异丙醇、乙酸丁酯的合计。

表 3－44　厂界无组织排放监控点浓度限值

污 染 物	浓度限值/（mg/m³）
苯	0.1
甲苯	0.3
二甲苯	0.3
VOCs	2.0

3.2.15　江西相关标准

江西省于 2019 年 7 月颁布了《挥发性有机物排放标准　第 1 部分：印刷业》（DB 36/1101.1—2019），于 2019 年 9 月实施。该标准规定了江西省印刷企业挥发性有机物的排放控制要求、监测要求、实施与监督要求等。标准中即用状态印刷油墨 VOCs 含量限值见表 3－45，各污染物排放浓度限值见表 3－46。

表 3－45　即用状态印刷油墨 VOCs 含量限值

印刷油墨种类		VOCs 含量限值/%
平版印刷油墨	单张纸/冷固轮转油墨	≤3
	热固轮转油墨	≤10
	印铁油墨	≤30
凸版印刷油墨	水性油墨	≤10
	溶剂型油墨	≤30
凹版印刷油墨	水性油墨	≤30
	溶剂型油墨	≤30

表 3-46 各污染物排放浓度限值

污 染 物	最高允许有组织排放浓度/(mg/m³)	最高允许无组织排放浓度/(mg/m³)
苯	1	0.1
甲苯	3	0.4
二甲苯	12	0.3
总挥发性有机物(TVOC)	100	2.0
非甲烷总烃	50	1.5

3.2.16 湖北相关标准

湖北省于 2019 年 12 月颁布了《湖北省印刷行业挥发性有机物排放标准》(DB 42/1538—2019),并于 2020 年 7 月实施。该标准规定了湖北省印刷企业挥发性有机物的排放控制要求、监测要求、实施与监督要求等,见表 3-47、表 3-48。

表 3-47 有组织挥发性有机物排放限值

污 染 物	最高允许排放浓度/(mg/m³)	最高允许排放速率/(kg/h)
苯	1	0.2
甲苯与二甲苯合计	15	0.5
非甲烷总烃	50	1[a]

a. 净化效率≥90%时视为达到排放速率限值要求。

表 3-48 企业边界大气污染物浓度限值

污 染 物	苯	甲苯与二甲苯合计	非甲烷总烃
浓度限值/(mg/m³)	0.1	0.6	2.0

3.2.17　香港相关标准

香港于 2007 年出台了《空气污染管制（挥发性有机化合物）规例》，对建筑漆料、印刷油墨、6 类消费品、车辆和船舶维修喷漆等 VOCs 源头进行了有效管制。该规例中对涉及印刷出版业的 VOCs 控制措施主要为限制不同印刷油墨的 VOCs 含量限值。

2009 年 10 月，香港特别行政区政府修订了《空气污染管制（挥发性有机化合物）规例》，以此作为实现 VOCs 减排目标的一部分。修订内容主要涉及涂料和油漆管控，即从 2010 年 1 月 1 日起，分阶段加大控制力度，控制范围也将扩大到 14 种车辆修补漆和涂料、36 种船舶和工艺品油漆和涂料以及 47 种黏合剂和密封剂。2009 年的修订内容未对印刷油墨的 VOCs 含量限值提出修订。

3.2.18　中国台湾地区相关标准

中国台湾地区行政院环境保护署于 2022 年 3 月 24 日发文，依据《空气污染防制费收费办法》第十条第一项第三款、第四款，制定《公私场所固定污染源申报空气污染防制费之挥发性有机物之行业制程排放系数、操作单元（含设备元件）排放系数、控制效率及其他计量规定》。

依据 2023 年 10 月 2 日中国台湾地区行政院环境保护署环部空字第 1121308515 号公告之《固定污染源空气污染防制费收费费率》计算挥发性有机物排放量，应依据该公告的排放系数及规定计算。

第4章　上海市《印刷业大气污染物排放标准》释义

4.1　标准主要技术内容

4.1.1　标准适用范围

上海市《印刷业大气污染物排放标准》(DB 31/872—2015)规定了上海市印刷工艺过程中即用状态印刷油墨的 VOCs 含量限值,规定了印刷工艺过程包括印后加工工艺过程的大气污染物排放限值、监测要求和监控要求,以及标准的实施与监督等相关要求。该标准适用于现有印刷企业或生产设施的大气污染物排放管理。

该标准适用于对印刷企业或生产设施建设项目的环境影响评价、环境保护设施设计、竣工环境保护验收及其投产后的大气污染物排放管理。

该标准适用于法律允许的污染物排放行为。新设立污染源的选址和特殊保护区域内现有污染源的管理,按照《中华人民共和国大气污染防治法》《中华人民共和国水污染防治法》《中华人民共和国海洋环境保护法》《中华人民共和国固体废物污染环境防治法》《中华人民共和国环境影响评价法》等法律、法规、规章的相关规定执行。

4.1.2　术语及定义

该标准根据上海市印刷行业大气污染物排放标准的需要,对标准状态、相关污染物、现有企业和新建企业、印刷方式、印刷工艺、监测控制要求等术语进行了定义。

4.1.3　执行时段划分

该标准将印刷企业分为现有企业和新建企业。现有企业指该标准实施之日前已建设投产或环境影响评价文件已通过审批的生产企业或设施。新建企业指该标准实施之日起环境影响评价文件通过审批的新建、改建、扩建的生产企业或设施。企业的建设(包括改建、扩建)时间,以环境影响评价文件批准日期为准。

新建企业自标准颁布之日起执行该标准,现有企业自标准颁布之日后18 个月执行该标准,运营和监控相关规定不分新建企业和现有企业,均从该标准颁布之日起执行。

4.1.4　规定即用状态印刷油墨 VOCs 含量限值

该标准依据印刷方式的不同,同时兼顾承印材料的不同,将印刷油墨划分为 7 类,即平版热固轮转油墨,平版印铁油墨,平版单张纸、冷固油墨,柔性版水性油墨,柔性版溶剂型油墨,凹版水性油墨,凹版溶剂型油墨,并分别规定了这几种即用状态印刷油墨的 VOCs 含量限值。

4.1.5　确定排放控制的 VOCs 控制指标

该标准以产生量(或排放量)大、毒性较大、光化学反应活性强、便于监测为原则,筛选并确定了该标准的 VOCs 控制指标。

(1) 使用较普遍,产生量(或排放量)大

欧盟和美国等发达国家和地区的印刷行业基本普及了无苯类溶剂使用,因此其 VOCs 控制指标不再单独另外设置苯系物控制指标。目前我国包装印刷油墨的溶剂虽然经过了苯类溶剂、酮类溶剂到醇类溶剂、酯类溶剂的发展,但由于印刷油墨使用苯类溶剂具有成本低廉、干燥速度快等优点,部分企业还在使用含苯类油墨或者含苯类洗车水等,完全无苯还难以实现,只有少数生产工艺水平高、推行绿色印刷的企业和规模大、实力较强的企业采用无苯印刷。基于此,该标准将苯系物纳入控制指标的筛选范畴。

包装印刷生产过程中使用油墨、胶黏剂和有机溶剂,造成了 VOCs 挥发。一

方面,经文献调研了解到包装印刷行业中不同工艺类型主要使用的有机溶剂使用情况,见表4-1,其中,乙酸乙酯、乙醇、甲苯、甲乙酮和异丙醇的使用量较大。另一方面,对上海市典型印刷企业的现场调研显示,除苯类溶剂外,异丙醇等也是上海市包装印刷行业生产过程中使用较为普遍的有机溶剂,见表4-2。

表4-1　包装印刷工艺 VOCs 排放特征

工艺类型	主要排放 VOCs 物料	VOCs 特征污染物
平版印刷	油墨及稀释剂	异丙醇、二甲苯、环己酮、乙酸乙酯、乙醇、丙二醇甲醚、乙酸丙酯、戊二酸二甲酯
	润版液	异丙醇、乙醇、乙二醇
	洗车水	汽油、甲苯、乙醇
凸版印刷	油墨及稀释剂	丙二醇、乙醇、乙二醇醚
	洗车水	乙醇
凹版印刷	油墨及稀释剂	乙醇、正丙醇、异丙醇、甲基异丁基酮、甲乙酮、乙酸乙酯、乙酸正丙酯、甲苯、丙酸
	洗车水	乙醇、甲苯、乙酸乙酯、甲乙酮
孔版印刷	油墨及稀释剂	乙醇、丙二醇甲醚、乙酸乙酯、戊二酸二甲酯、异佛尔酮、石油醚
	洗车水	丙醇、丙二醇甲醚、正己烷
复　合	胶黏剂及溶剂	乙醇、乙酸乙酯、乙酸

表4-2　上海市典型印刷企业溶剂使用统计

印刷业主要有机溶剂/90%	印刷业其他有机溶剂/10%
异丙醇、乙酸乙酯、甲苯、乙醇、甲乙酮、乙酸丙酯	丙二醇甲醚、甲醇、乙酸异戊酯

综上分析,该标准初步将苯系物、异丙醇、乙醇、乙酸乙酯、甲乙酮、乙酸丙酯纳入 VOCs 控制指标的筛选范畴。

（2）毒性较大

根据以上分析所确定的印刷行业中使用量较大的有机溶剂种类，分别分析了其毒性的强弱，见表 4 - 3。

表 4 - 3　印刷业主要使用的几类有机溶剂的物理性质、毒性及危害

序号	名称	物　理　性　质	毒　性　及　危　害
1	苯	无色、有甜味的透明液体，并具有强烈的芳香气味	致癌。LD50：3 306 mg/kg（大鼠经口），48 mg/kg（小鼠经皮）；LC50：10 000 ppm[①]（大鼠吸入，7 h）。嗅出苯的气味时，它的浓度大概是 1.5 ppm，这时应该注意中毒的危险
2	甲苯	无色透明液体，有类似于苯的芳香气味；不溶于水，可混溶于苯、醇、醚等多种有机溶剂	中等毒性。LD50：1 000 mg/kg（大鼠经口），12 124 mg/kg（兔经皮）；LC50：5 320 ppm（小鼠吸入，8 h）。对皮肤、黏膜有刺激作用，对中枢神经系统有麻醉作用
3	二甲苯	对二甲苯、间二甲苯、邻二甲苯的性质相似，混合二甲苯为无色透明的液体，有类似甲苯的气味	中等毒性。通过吸入、食入、经皮吸收产生影响。LD50：5 000 mg/kg（大鼠经口）；LC50：19 747 mg/m³（大鼠吸入，4 h）；大鼠经口最低中毒剂量（TDL0）：19 mg/m³。二甲苯对眼睛及上呼吸道有刺激作用，高浓度二甲苯对中枢神经系统有麻醉作用，短时吸入较高浓度的二甲苯可出现眼及上呼吸道刺激症状，眼结膜及咽部充血、头晕、头痛、恶心、胸闷、四肢无力，重者可有躁动、抽搐或昏迷症状，有的有癔病样发作
4	异丙醇	无色透明挥发性液体。有类似乙醇和丙酮混合物的气味，其气味不大。能够溶于水、醇、醚、苯、氯仿等多种有机溶剂	低毒性。侵入途径：吸入、食入、经皮吸收。接触高浓度异丙醇蒸气会出现头痛、嗜睡、共济失调以及眼、鼻、喉刺激症状。长期皮肤接触可致皮肤干燥、皲裂

---

① 　1 ppm = 10⁻⁶。

序号	名称	物　理　性　质	毒　性　及　危　害
5	乙醇	易燃、易挥发的无色透明液体	低毒性
6	乙酸乙酯	无色透明有芳香气味的液体，具有优异的溶解性、快干性	低毒性。侵入途径：吸入、食入、经皮吸收。对眼、鼻、咽喉有刺激作用。高浓度吸入可产生麻醉作用，导致急性肺水肿，肝、肾损害。持续大量吸入，可致呼吸麻痹
7	甲乙酮	有类似丙酮的气味，易挥发，能与乙醇、乙醚、苯、氯仿、油类混溶	低毒性。侵入途径：吸入、食入、经皮吸收。对眼、鼻、喉、黏膜有刺激性。长期接触可致皮炎
8	乙酸丙酯	常温下为无色透明液体，与乙醇、乙醚互溶，有特殊的水果香味	微毒性。对眼和上呼吸道黏膜有刺激作用。吸入高浓度乙酸丙酯时，可出现恶心、眼部灼热感、胸闷、疲乏无力等症状

（3）光化学反应活性强

美国加利福尼亚州空气资源委员会（CARB）研究了各种 VOCs 的最大增量反应活性（maximum incremental reactivity，MIR），用于表达单位质量的每种 VOCs 生成 O_3 的潜力。MIR 值越大，表示单位质量的该 VOCs 产生的 O_3 越多，即对光化学污染的贡献越大。

根据本小节（1）中所确定的包装印刷行业中使用量较大的 VOCs 种类，分别分析了它们的 MIR 值，见表 4-4。我们可以识别出印刷原辅材料中的主要污染物，并评估它们对大气质量的潜在影响，以苯[MIR 值为 0.69 g（O_3）/g（VOCs）]为例，其对臭氧生成的贡献相对较低，这表明苯在光化学反应中生成臭氧的效率低。与之相比，甲苯[MIR 值为 3.93 g（O_3）/g（VOCs）]和二甲苯同系物[如对二甲苯、邻二甲苯和间二甲苯，其 MIR 值分别 5.78 g（O_3）/g（VOCs）、7.58 g（O_3）/g（VOCs）和 9.73 g（O_3）/g（VOCs）]，显示出更高的反应活性，特别是间二甲苯，其 MIR 值最高。1,2,4-三甲苯[MIR 值为 8.83 g（O_3）/g（VOCs）]也是另一个重要的臭氧前体。从臭氧污染生成的角度来看，印刷业应该优先考虑减少那些具有高 MIR 值的物质的使用和排放。

表 4-4　有机溶剂对臭氧的贡献

序号	物质名称	MIR/[g(O₃)/g(VOCs)]	序号	物质名称	MIR/[g(O₃)/g(VOCs)]
1	苯	0.69	6	乙醇	1.45
2	甲苯	3.93	7	对二甲苯	5.78
3	乙酸丙酯	0.78	8	邻二甲苯	7.58
4	异丙醇	0.59	9	间二甲苯	9.73
5	乙酸乙酯	0.59	10	甲乙酮	1.45

（4）便于监测

该标准 VOCs 控制指标的确定,不仅要考虑该 VOCs 种类是印刷生产中普遍使用、产生量（排放量）大、毒性较大、对地表臭氧生产贡献较大的 VOCs 种类,而且还要充分考虑目前 VOCs 的监测方法及监测水平,以便标准实施。

综合考虑以上筛选原则,选择苯、甲苯、二甲苯作为标准中特殊控制的 VOCs 指标。为在总体上控制 VOCs 的排放,需要设置综合性指标"TVOC"、"TOC"来控制包装印刷行业 VOCs 的排放。为了对国家标准的延续性,该标准还设置了 NMHC 作为控制 VOCs 的综合指标。

4.1.6　排放控制项目的形式

（1）排气筒有组织排放源与无组织排放源

该标准区分了排气筒有组织排放源和无组织排放源。

根据对上海市印刷企业的实地调研发现,目前该行业中 50% ~ 60% 的企业没有设置有机废气集中收集或处理装置,企业废气普遍处于无组织排放状态。为引导印刷企业逐步开展 VOCs 废气的治理,降低 VOCs 排放浓度,减少 VOCs 排放总量,该标准专门定义了相应的"排气筒高度"。

排气筒排放是指对生产工艺过程中产生的 VOCs 废气进行统一收集,并通过大于等于 15 m 的排气筒排放废气。不经过排气筒的无规则排放,如通过排气扇、车间风机强排或自然通风方式排放工艺过程中产生的 VOCs 废气,均视为无组织排放。无组织排放监控点是为判别无组织排放是否超过标准而设立的监测点。该标准无组织排放监控点的设置根据 HJ/T 55—2000 确定。

（2）排放浓度

在我国已颁布和将颁布的污染物排放标准中，均将污染物的排放浓度作为衡量标准。排放浓度由于数据获得容易，并能直接用于控制和管理，因而已被我国广大的环保工作者和管理者所接受并应用。

该标准规定了排气筒（有组织排放）和无组织排放监控点的苯、甲苯、二甲苯及 TVOC、TOC、NMHC 等的最高允许排放浓度。

（3）排放速率

我国污染物排放速率标准值主要规定了不同高度排气筒的排放速率标准值，目前被许多与大气污染物排放有关的排放标准沿用。该标准也规定了排放速率要求，并且对排气筒高度的换算方法、多根排气筒的换算方法进行了明确。

4.2 标准限值的确定

4.2.1 油墨 VOCs 含量限值的确定

印刷业控制 VOCs 最简单的方式是低溶剂油墨的替代，根据调研，目前溶剂型凹印油墨在使用过程中产生了大量的 VOCs，其他印刷方式相对较好，而且目前市场上环保型、低 VOCs 的油墨已经在部分企业中得到使用，如 UV 油墨、水性油墨、植物油基油墨等，为低溶剂油墨的替代也提供了选择，因此为了控制印刷业 VOCs 排放量，需要从源头控制 VOCs 含量的限值。《上海市大气污染防治条例》中第五十条"本市鼓励生产、使用低挥发性有机物含量的原料和产品。"为低溶剂含量产品的使用也提供了政策依据。该标准根据国内外对油墨 VOCs 含量限值的要求，并结合对上海市油墨生产企业生产情况、油墨质量的咨询和调研，确定了该标准油墨 VOCs 含量限值。

（1）国内外油墨 VOCs 含量限值标准分析

鉴于 VOCs 对地表臭氧生成及人体健康的危害，不少国家制定了针对印刷油墨的 VOCs 含量标准。例如日本、加拿大、澳大利亚、韩国、新西兰等国家要求油墨中 VOCs 所占的比例必须低于某一限值。

　　2008 年年初,我国首批绿色环保油墨标准《环境标志产品技术要求 凹印油墨和柔印油墨》(HJ/T 371—2007) 和《环境标志产品技术要求 胶印油墨》(HJ/T 370—2007) 开始实施,使绿色环保油墨的判定有据可依,两项标准分别于 2018 年和 2016 年更新为《环境标志产品技术要求 凹印油墨和柔印油墨》(HJ 371—2018) 和《环境标志产品技术要求 胶印油墨》(HJ 2542—2016)。2009 年《环境标志产品技术要求　印刷》开始制定,这是我国首次开始编制与印刷业有关的国家环境保护标准。我国香港地区于 2007 年发布了《空气污染管制(挥发性有机化合物)规例》,该规例中规定了 7 类油墨处于即用状态时的 VOCs 的含量限值要求。2010 年广东省发布的《印刷行业挥发性有机化合物排放标准》对即用状态油墨也做了相关规定。我国及其他国家油墨 VOCs 含量标准见表 4 - 5,香港油墨 VOCs 含量限值见表 4 - 6,广东省《印刷行业挥发性有机化合物排放标准》中的油墨 VOCs 含量限值见表 4 - 7。

表 4 - 5　我国及其他国家油墨 VOCs 含量标准

国家	标准名称	使用行业范围	标　准　规　定
中国	《环境标志产品技术要求 凹印油墨和柔印油墨》(HJ 371—2018)	凹印、柔印油墨	禁止添加甲醇、甲醛、卤代烃、丙酮、丁酮、环己酮、对苯二酚、对甲氧基苯酚及苯类溶剂等;VOCs 的质量分数 ≤5%;苯、甲苯、二甲苯、乙苯、三甲苯、苯乙烯总量 ≤100 mg/kg;甲醇的质量分数 ≤0.3%;游离甲醛的含量 ≤50 mg/kg;氨及其化合物的质量分数 ≤2%
	《环境标志产品技术要求 胶印油墨》(HJ 2542—2016)	胶印油墨	禁止添加卤代烃、异佛尔酮、对苯二酚、对甲氧基苯酚及邻苯二甲酸酯类物质。矿物油中芳香烃的质量分数应小于 1%;VOCs 含量要求:热固轮转胶印油墨 ≤10%,单张纸胶印油墨 ≤3%,冷固轮转胶印油墨 ≤3%,能量固化胶印油墨 ≤2%;苯、甲苯、二甲苯和乙苯总量 ≤100 mg/kg

国家	标准名称	使用行业范围	标　准　规　定
日本	—	胶印油墨和新闻纸印刷油墨	油墨中溶剂含量≤30%，VOCs 的质量分数<3%
		凹版油墨（书刊用除外）	VOCs 的质量分数<20%，确保印刷释放的废气中的 VOCs 的质量分数小于30%； 溶剂型凹版油墨不得含有苯和二甲苯
		树脂印刷油墨	VOCs 的质量分数<5%，用于薄膜印刷的油墨中的 VOCs 的质量分数<20%； 溶剂型凹版油墨不得含有苯和二甲苯
		其他（包括胶版印刷的 UV 油墨、金墨、银墨）	VOCs 的质量分数<3%
加拿大	—	单张纸胶印油墨	油墨中的 VOCs 质量分数<4%
		热固胶印油墨	油墨中的 VOCs 质量分数<25%
		冷固胶印油墨	油墨中的 VOCs 质量分数<4%
		凸版油墨	油墨中的 VOCs 质量分数<4%
		水性柔性版油墨	油墨中的 VOCs 质量分数<6%
		水性凹版油墨	油墨中的 VOCs 质量分数<6%
澳大利亚	—	水性油墨	油墨中的 VOCs 质量分数<6%
		油性油墨	油墨中的 VOCs 质量分数<2%
		UV 油墨	油墨中的 VOCs 质量分数<2%
		溶剂型油墨	油墨中的 VOCs 质量分数<50%
韩国	—	胶版油墨(干、湿)柔性版油墨、凹版油墨、丝网油墨	油墨中的 VOCs 质量分数≤25%

续　表

国家	标准名称	使用行业范围	标 准 规 定
新西兰	—	水性油墨	油墨中的 VOCs 质量分数<5%
		油性油墨	油墨中的 VOCs 质量分数<4%
		UV 油墨	油墨中的 VOCs 质量分数<2%
		溶剂型油墨	油墨中的 VOCs 质量分数<50%

表 4-6　香港油墨 VOCs 含量限值

油 墨 种 类	挥发性有机物含量的最高限值/(g/L)	
	2007 年 4 月 1 日生效	2009 年 1 月 1 日生效
柔性版荧光油墨	300	—
用于不透气承印物的柔性版油墨	300	—
用于透气承印物的柔性版油墨	225	—
凸版油墨	300	—
平版油墨(热固印墨除外)	300	—
凹版油墨	—	300
丝网印刷油墨	—	400

注：VOCs 含量限值按处于即用状态时，每升油墨中所含多少克 VOCs 计算。

表 4-7　广东省《印刷行业挥发性有机化合物排放标准》
中的油墨 VOCs 含量限值

油 墨 种 类	VOCs 含量的最高限值/(g/L)	
	Ⅰ时段	Ⅱ时段
用于不透气承印物的柔性版油墨	—	300
用于透气承印物的柔性版油墨	225	225

续　表

油　墨　种　类	VOCs 含量的最高限值/（g/L）	
	Ⅰ时段	Ⅱ时段
用于不透气承印物的平版油墨	—	700
用于透气承印物的平版油墨（热固油墨除外）	300	300
凸版油墨	300	300

从表 4-5~表 4-7 可以看出，国内外对油墨 VOCs 含量限值的表述形式主要有两种：一种是规定即用油墨中的 VOCs 质量分数小于等于某一百分比，以日本、新西兰、加拿大等为代表；另一种是规定了单位产品中 VOCs 的最高允许含量的绝对值，以广东、香港为代表。

（2）油墨 VOCs 含量及实测

对典型印刷企业使用的油墨的 VOCs 含量情况进行了调查并实测，结果显示，目前上海市使用的凹印溶剂型油墨的 VOCs 含量较高，是印刷行业 VOCs 的主要来源（表 4-8）。另外，油墨的实际密度一般在 $1~2.25~g/m^3$ 之间，且溶剂量大的油墨密度小，固含量大的油墨密度大。

表 4-8　典型印刷企业使用的油墨的 VOCs 质量百分比

序号	油墨种类	VOCs 含量	VOCs 主要成分	实测 VOCs 含量/%
1	溶剂型油墨	20%~80%	苯类、醇类、酯类、酮类	76
2	水性油墨	<30%	醇类	—
3	油性油墨	<20%（单张） <40%（轮转）	酚类、醛类、矿物油	0.8
4	UV 油墨	<15%	酮类	2.1

通过调研相关资料，得到各种油墨的 VOCs 含量实测值，见表 4-9。由表 4-9 可知溶剂型凹印油墨和溶剂型柔印油墨的 VOCs 含量较高。

表 4-9　各种油墨的 VOCs 含量实测值

序号	油墨种类	VOCs含量（黑）/%	VOCs含量（青）/%	VOCs含量（品红）/%	VOCs含量（黄）/%	VOCs平均含量/%
1	单张纸胶印油墨	19	11	12	13	13.8
2	热固胶印油墨	39	33	34	31	34.3
3	冷固胶印油墨	17	15	15	17	16.0
4	UV 胶印油墨	8	12	7	9	9.0
5	溶剂型凹印油墨	68	72	69	80	72.3
6	溶剂型柔印油墨	50	50	50	55	51.3
7	孔版印刷油墨	21	23	24	24	23.0

（3）油墨 VOCs 含量限值的确定

该标准与我国印刷行业的标志性产品技术能够有效衔接,指导印刷企业从原材料替代上控制 VOCs 的排放量,同时也促进油墨生产同国际接轨。该标准油墨 VOCs 控制指标的表述采用"单位产品中 VOCs 含量值"的形式,并借鉴香港《空气污染管制(挥发性有机化合物)规例》及广东省《印刷行业挥发性有机化合物排放标准》中的油墨 VOCs 含量限值。该标准中,不同种类油墨的 VOCs 含量限值,见表 4-10。

表 4-10　即用状态印刷油墨 VOCs 含量限值

油 墨 种 类	VOCs 含量的最高限值/（g/L）
用于不透气承印物的柔性版油墨	300
用于透气承印物的柔性版油墨	225
平版油墨	300
凸版油墨	300

油　墨　种　类	VOCs 含量的最高限值/(g/L)
凹版油墨	300
孔版油墨	400

4.2.2　VOCs 排放浓度限值的确定

该标准中苯、甲苯、二甲苯、非甲烷总烃和颗粒物等的排放浓度限值是在对比分析国内外 VOCs 控制标准及限值,并结合对上海市印刷企业的实地调研和监测的实际情况最终确定的。

1. 排放浓度限值比较

(1) 苯

北京、山东、河南 3 个地区苯排放浓度标准严于其他区域,详见表 4-11。

表 4-11　苯排放浓度限值比较

发布区域	标　准　号	排放浓度限值/(mg/m³)
国家	GB 41616—2022	1
上海	DB 31/872—2015	1
北京	DB 11/1201—2023	0.5
天津	DB 12/524—2020	1
广东	DB 44/815—2010	1
重庆	DB 50/758—2017	1
山东	DB 37/2801.4—2017	0.5
福建	DB 35/1784—2018	1
辽宁	DB 21/3161—2019	1
湖南	DB 43/1357—2017	1

续　表

发布区域	标　准　号	排放浓度限值/（mg/m³）
河南	DB 41/1956—2020	0.5
陕西	DB 61/T1061—2017	1
吉林	DB 22/T2789—2017	1
江西	DB 36/1101.1—2019	1
湖北	DB 42/1538—2019	1

（2）甲苯与二甲苯

国家标准与北京发布的标准中将苯、甲苯、二甲苯、三甲苯、乙苯、苯乙烯合并设置限值，天津、广东、重庆、河南、湖北发布的标准中将甲苯与二甲苯合并设置限值，详见表4-12。

表 4-12　甲苯与二甲苯排放浓度限值比较

发布区域	标　准　号	甲　苯	二甲苯
		排放浓度限值/（mg/m³）	
国家	GB 41616—2022	15（苯、甲苯、二甲苯、三甲苯、乙苯和苯乙烯）	
上海	DB 31/872—2015	3	12
北京	DB 11/1201—2023	10（苯、甲苯、二甲苯、三甲苯、乙苯和苯乙烯）	
天津	DB 12/524—2020	15（甲苯与二甲苯）	
广东	DB 44/815—2010	15（甲苯与二甲苯）	
重庆	DB 50/758—2017	15（主城区） 18（其他区域） （甲苯与二甲苯）	
山东	DB 37/2801.4—2017	3	10
福建	DB 35/1784—2018	3	12

发布区域	标　准　号	甲　苯	二甲苯
		排放浓度限值/(mg/m³)	
辽宁	DB 21/3161—2019	3	12
湖南	DB 43/1357—2017	3	12
河南	DB 41/1956—2020	8(甲苯与二甲苯)	
陕西	DB 61/T1061—2017	3	12
吉林	DB 22/T2789—2017	3	12
江西	DB 36/1101.1—2019	3	12
湖北	DB 42/1538—2019	15(甲苯与二甲苯)	

（3）非甲烷总烃

根据近几年发布的标准,可知北京、天津、河南的标准限值均严于其他区域,而国家标准由于要考虑发展偏落后的区域,所以标准限值略宽松,见表 4－13。

表 4－13　非甲烷总烃排放浓度限值比较

发布区域	标　准　号	排放浓度限值/(mg/m³)
国家	GB 41616—2022	70
上海	DB 31/872—2015	50
北京	DB 11/1201—2023	30
天津	DB 12/524—2020	30
广东	DB 44/815—2010	—
重庆	DB 50/758—2017	60（主城区） 80（其他区域）

续　表

发布区域	标　准　号	排放浓度限值/(mg/m³)
山东	DB 37/2801.4—2017	—
福建	DB 35/1784—2018	50
辽宁	DB 21/3161—2019	50
湖南	DB 43/1357—2017	50
河南	DB 41/1956—2020	40
陕西	DB 61/T1061—2017	50
吉林	DB 22/T2789—2017	—
江西	DB 36/1101.1—2019	50
湖北	DB 42/1538—2019	50

（4）颗粒物

设置颗粒物排放浓度限值的区域较少，重庆主城区为 50 mg/m³，国家标准为 30 mg/m³，目前上海的限值为 20 mg/m³，低于国家标准，但高于北京的限值，见表 4-14。

表 4-14　颗粒物排放浓度限值比较

发布区域	标　准　号	排放浓度限值/(mg/m³)
国家	GB 41616—2022	30
上海	DB 31/872—2015	20
北京	DB 11/1201—2023	10
天津	DB 12/524—2020	—
广东	DB 44/815—2010	—

发布区域	标　准　号	排放浓度限值/(mg/m³)
重庆	DB 50/758—2017	50(主城区) 100(其他区域)
山东	DB 37/2801.4—2017	—
福建	DB 35/1784—2018	—
辽宁	DB 21/3161—2019	—
湖南	DB 43/1357—2017	—
河南	DB 41/1956—2020	—
陕西	DB 61/T1061—2017	—
吉林	DB 22/T2789—2017	—
江西	DB 36/1101.1—2019	—
湖北	DB 42/1538—2019	—

（5）VOCs

广东、山东、天津、重庆、辽宁、湖南、吉林、江西的标准设置了 VOCs 排放浓度限值,其中天津、山东的标准较为严格,详见表 4-15。

表 4-15　VOCs 排放浓度限值比较

发布区域	标　准　号	排放浓度限值/(mg/m³)
国家	GB 41616—2022	—
上海	DB 31/872—2015	—
北京	DB 11/1201—2023	—
天津	DB 12/524—2020	50

发布区域	标　准　号	排放浓度限值/(mg/m³)
广东	DB 44/815—2010	平版印刷(不含以金属、陶瓷、玻璃为承印物的平版印刷)、柔性版印刷：80；凹版印刷、凸版印刷、丝网印刷、平版印刷(以金属、陶瓷、玻璃为承印物的平版印刷)：120
重庆	DB 50/758—2017	80(主城区) 100(其他区域)
山东	DB 37/2801.4—2017	50
福建	DB 35/1784—2018	—
辽宁	DB 21/3161—2019	80
湖南	DB 43/1357—2017	100
河南	DB 41/1956—2020	—
陕西	DB 61/T1061—2017	—
吉林	DB 22/T2789—2017	60
江西	DB 36/1101.1—2019	100
湖北	DB 42/1538—2019	—

注：天津：TRVOC(采用规定的监测方法,对废气中的单项 VOCs 物质进行测量,加和得到 VOCs 物质的总量,以单项 VOCs 物质的质量浓度之和计。实际工作中,应按预期分析结果,对占总量 90% 以上的单项 VOCs 物质进行测量,加和得出);广东：TVOC;重庆：TVOC;山东：VOCs;辽宁：TVOC;湖南：挥发性有机物(根据印刷业特征和环境管理需求,必须包括但不限于以下挥发性有机物种类：乙酸乙酯、乙酸甲酯、乙酸丁酯、乙酸正丙酯、乙酸异丙酯、异丙醇、乙醇、甲苯、二甲苯、苯);吉林：VOCs;江西：TVOC。

（6）二氧化硫和氮氧化物

目前国家标准、北京和重庆的地方标准设置了净化设施的二氧化硫和氮氧化物排放浓度限值,国家标准和重庆主城区的排放浓度限值一致,北京的排放浓度限值较为严格,其中二氧化硫为 20 mg/m³,其备注中写明了仅以电或天然气为能源的 VOCs 燃烧(焚烧、氧化)装置排气筒可不监控该项目,见表 4 - 16。

表 4-16 二氧化硫和氮氧化物排放浓度限值比较

发布区域	标准号	二氧化硫	氮氧化物
		排放浓度限值/(mg/m³)	
国家	GB 41616—2022	200	200
上海	DB 31/872—2015	—	—
北京	DB 11/1201—2023	20	100
天津	DB 12/524—2020	—	—
广东	DB 44/815—2010	—	—
重庆	DB 50/758—2017	200(主城区) 300(其他区域)	200(主城区) 300(其他区域)
山东	DB 37/2801.4—2017	—	—
福建	DB 35/1784—2018	—	—
辽宁	DB 21/3161—2019	—	—
湖南	DB 43/1357—2017	—	—
河南	DB 41/1956—2020	—	—
陕西	DB 61/T1061—2017	—	—
吉林	DB 22/T2789—2017	—	—
江西	DB 36/1101.1—2019	—	—
湖北	DB 42/1538—2019	—	—

2. 企业调研情况

筛选了上海市部分有代表性的包装印刷企业,并对其进行了实地调研。调研企业共 4 家,并对各企业的排气筒进行了监测,监测结果见表 4-17。

表 4 - 17　有代表性的企业的排气筒监测结果

企业	排　口	NMHC /(mg/m³)	TVOC /(mg/m³)	TOC/ (mg/m³)	苯 /(mg/m³)	甲苯和 二甲苯 /(mg/m³)	备　注
A 企业	印刷 1	374.00	55.35	623.50	0.06	0.05	未处理
	覆膜排口	2 065.00	31.44	3 660.00	0.71	0.85	未处理
	覆膜处理进口	2 065.00	30.25	2 270.00	0.27	0.11	未处理
	覆膜处理出口 1	114.50	13.17	200.00	1.00	0.92	活性炭吸附
	覆膜处理出口 2	240.65	7.72	442.48	0.12	0.11	活性炭吸附
B 企业	凹印 1	427.26	164.43	1 016.40	ND	ND	未处理
	凹印 2	744.70	64.44	708.90	ND	ND	未处理
	凹印总	190.30	29.45	201.55	ND	ND	未处理
	胶印 1	30.94	4.85	88.25	ND	ND	未处理
	胶印 2	62.68	11.40	117.15	ND	ND	未处理
	胶印总	41.57	6.24	95.90	ND	ND	未处理
C 企业	凹印进口	536.32	67.73	636.40	ND	ND	未处理
	凹印出口	575.67	61.68	736.70	ND	ND	活性炭吸附
D 企业	涂布出口 1	1 757.14	184.34	2 811.43	0.03	0.12	未处理
	涂布出口 2	1 428.21	167.83	2 342.27	0.04	0.22	未处理
	涂布出口 3	1 059.64	164.58	1 780.24	0.02	0.08	未处理
	印刷出口 1	783.21	123.40	1 339.30	ND	ND	未处理
	印刷出口 2	645.00	110.60	1 032.00	ND	ND	活性炭吸附

注：ND 为未检出。

　　将监测结果和北京、天津和河南最严的标准比较,结果显示,苯、甲苯和二甲苯的达标情况很好,但是有 56% 的监测点的 TVOC 超过天津《工业企业挥发性有机物排放控制标准》印刷业中最严格的浓度限值,有 84% 的监测点的 NMHC 超过北京《印刷工业大气污染物排放标准》中的浓度限值。主要原因是印刷工艺不同,其中凹印、涂布、覆膜的排放浓度较高,而胶印的排放浓度较低,排放物虽未经处理,但是浓度基本达标;次要原因是排气口废气未进行有效处理,或者仅采用简单的活性炭吸附工艺,而且管理不善,从而导致 VOCs 超标排放。

3. 确定该标准的最高允许排放浓度

由于国外印刷行业的相关标准体系和国内的差异较大,因此该标准的限值制定主要参照国内标准,国外的相关标准作为参考。除了参考其他国家和地区的标准限值,该标准的限值制定还结合了对印刷企业的实地监测结果。该标准的 VOCs 最高允许排放浓度必须首先满足 GB 16297—1996 的规定,再参考北京、广东、天津等地方标准进行确定。

苯、甲苯和二甲苯:苯、甲苯、二甲苯均属于毒性较大、光化学反应活性大、危害大的物质,目前印刷油墨基本上很少使用苯类溶剂。该标准中对苯的排放进行了严格控制,参照北京、广东、天津三地标准,建议该标准中苯的排放限值为 1 mg/m^3,甲苯与二甲苯的排放限值合计为 15 mg/m^3,处于国内领先水平。

TVOC:该标准中 TVOC 指在极性气相色谱柱上,保留时间在丙酮和 1,2,3-三甲苯之间的所有有机物,包括苯、甲苯、二甲苯(间二甲苯、对二甲苯、邻二甲苯)、三甲苯(1,2,3-三甲苯、1,2,4-三甲苯和 1,3,5-三甲苯)、乙苯、苯乙烯、异丙醇、正丁醇、异丁醇、丙酮、甲乙酮、甲基异丁基酮、乙酸乙酯、乙酸乙烯酯及乙酸正丁酯,对未识别的色谱峰,以甲苯的响应系数计算。根据监测结果,企业排气筒 TVOC 浓度较低,浓度范围为 $4.85 \sim 184.34 \text{ mg/m}^3$。通过低溶剂油墨替代、活性炭吸附、催化燃烧、蓄热燃烧、冷凝回收等手段进行处理,一般回收处理率达 95% ~ 99%,排放浓度可以控制在 $5 \sim 10 \text{ mg/m}^3$。根据 VOCs 控制要求,大部分省市采用 NMHC 作为控制指标,故该标准未设置 TVOC 控制指标。

NMHC:根据检测结果,上海市有代表性的印刷企业的 NMHC 排放浓度值为 $30.94 \sim 2\,065 \text{ mg/m}^3$,但是企业并未采取末端治理措施。根据调研资料,某企业采用蓄热燃烧热量回用技术,其监督性监测排口的 NMHC 排放浓度为 5 mg/m^3,处理效果较好。根据 VOCs 控制要求,并参照北京《大气污染物综合排放标准》印刷业Ⅱ时段标准,建议该标准的 NMHC 浓度限值为 50 mg/m^3,

本限值和北京印刷业相关标准所制定的浓度限值相当,在国内处于领先水平。

TOC:TOC 指采用燃烧氧化-非分散红外吸收法,测定总有机碳的含量(用质量浓度表示),以含碳量表示气体中有机物总量的综合指标。根据监测结果上海市有代表性的印刷企业的 TOC 排放浓度为 88.25～3 660 mg/m³,通过低溶剂油墨替代、活性炭吸附、催化燃烧、蓄热燃烧、冷凝回收等手段进行处理,一般回收处理率达 95%～99%,排放浓度可以控制在 40～80 mg/m³。由于分析方法的限制,在使用燃烧法处理的废气排放口不适用 TOC 排放浓度限值,指标设置有一定的局限性。另外由于该指标的有效数据目前较少,因此本标准主要通过 NMHC 考查,不再单独制定 TOC 控制指标。

该标准中车间或生产设施排气筒处大气污染物排放浓度限值、企业边界大气污染物排放浓度限值见表 4 - 18 和表 4 - 19。

表 4 - 18　车间或生产设施排气筒处大气污染物排放浓度限值

序　号	污染物	最高允许排放浓度/(mg/m³)
1	苯	1
2	甲苯	3
3	二甲苯	12
4	NMHC	50
5	颗粒物	20

表 4 - 19　企业边界大气污染物排放浓度限值

序　号	污染物	最高允许排放浓度/(mg/m³)
1	苯	0.1
2	甲苯	0.2
3	二甲苯	0.2
4	NMHC	4.0

4.2.3 VOCs 最高允许排放速率的确定

（1）根据规范进行计算

苯、甲苯、二甲苯和 TVOC 的最高允许排放速率的确定首先按照《制定地方大气污染物排放标准的技术方法》（GB/T 3840—91）中规定的方法进行计算。计算公式为

$$Q = C_m R K_c \tag{4-1}$$

式中，Q 为单一排气筒允许排放速率，kg/h；C_m 为标准浓度限值，$mg \cdot m^{-3}$；R 为排放系数（取 6）；K_c 为地区性经济技术系数（取 0.5）。

根据 GB/T 3840—91 的规定，苯和二甲苯的标准浓度限值根据 TJ 36—79 规定的居住区日平均允许浓度限值制定；甲苯和 TVOC 的标准浓度限值则分别选取《室内空气质量标准》（GB/T 18883—2022）的 1 h 浓度限值和 8 h 浓度限值。

按照以上方法计算北京市地方标准《大气污染物综合排放标准》（DB 11/501—2007）、广东省地方标准《印刷行业挥发性有机化合物排放标准》（DB 44/815—2010）和天津市地方标准《工业企业挥发性有机物排放控制标准》（DB 12/524—2020）中的苯、甲苯与二甲苯、NMHC 和 TVOC 最高允许排放速率值见表 4-20。

表 4-20　最高允许排放速率的对比

序号	污染物	最高允许排放速率/（kg/h）			
		DB 44/815—2010（广东）		DB 11/501—2007（北京）	DB 12/524—2020（天津）
		I 时段	II 时段		
1	苯	0.4	0.4	0.36	0.2
2	甲苯与二甲苯	1.8	1.6	2.93	0.5
3	NMHC	—	—	6.3	0.9
4	TVOC	5.4	5.1	—	1.5

（2）确定该标准最高允许排放速率

在计算结果的基础上，对比国家标准（GB16297—1996）、北京市地方标准（DB 11/501—2007）、广东省地方标准（DB 44/27—2001）和天津市地方标准（DB 12/524—2014）中对应的 VOCs 最高允许排放速率，再确定该标准的 VOCs 最高允许排放速率。

苯、甲苯和二甲苯：该标准对苯的排放进行严格控制，参照计算值及北京、广东、天津三地的标准，建议该标准中苯的排放速率限值为 0.2 kg/h，甲苯与二甲苯的排放速率限值合计为 0.5 kg/h。该限值在国内处于领先水平。

TVOC：根据监测结果，企业排气筒 TVOC 浓度较低，根据 VOCs 控制要求、GB/T 3840—91 的计算值及天津市的《工业企业挥发性有机物排放控制标准》和广东省的《印刷行业挥发性有机化合物排放标准》，建议该标准排放速率限值为 1.5 kg/h。该限值在国内处于领先水平。本标准主要通过 NMHC 考查，不再设置 TVOC 控制指标。

NMHC、TOC：根据排放浓度要求，参照 TVOC 的排放速率限值，建议该标准 NMHC 的排放速率限值为 1.5 kg/h，TOC 的排放速率限值为 2.7 kg/h。该限值在国内处于领先水平。本标准主要通过 NMHC 考查，不再设置 TOC 控制指标。

该标准的排气筒 VOCs 最高允许排放速率见表 4-21。

表 4-21　企业排气筒挥发性有机物排放速率限值

序号	污染物	最高允许排放速率/(kg/h)	污染排放监控位置
1	苯	0.03	
2	甲苯	0.1	
3	二甲苯	0.4	车间或生产设施排气筒
4	NMHC	1.5[a]	
5	颗粒物	0.45	

a. NMHC 的去除效率大于 90%等同于排放速率达标。

4.2.4　监测及技术管理规定的说明

（1）监测说明

① 布点

排放 VOCs 等大气污染物的排气筒应在处理装置末端或排气筒上设置永久采样平台与采样孔,若采用多筒集合式排放方式,则必须在合并管前的各分管上开孔。采样平台的面积不小于 4 m^2、高度大于 5 m 时需安装旋梯、"Z"字梯或升降梯。采样点数目和位置的设置,按照 GB/T 16157—1996 中的相关要求执行。

无组织排放监控点数目和位置的设置,按照 HJ/T 55—2000 中的相关要求执行。

② 采样时间和频次

该标准规定的限值是指任何 1 h 平均值不得超过的值。建设项目环境保护设施竣工验收监测的采样时间和频次,按生态环境部颁布的相关标准和规定执行。

③ 污染源采样

连续 1 h 采样计平均值;或在 1 h 内以等时间间隔采集 4 个样品,计平均值。对于间歇性排放,当其排放时间小于 1 h 时,应在排放时段内实行连续采样,或以等时间间隔采集 4 个样品,计平均值。

④ 无组织排放监控点采样

连续 1 h 采样计平均值;或在 1 h 内以等时间间隔采集 4 个样品,计平均值。若浓度偏低,需要时可适当延长采样时间。

⑤ 工况要求

在对污染源的日常监督性监测中,采样期间的工况应与实际运行工况相同,排污单位的人员和实施监测的人员都不应随意改变当时的运行工况。

建设项目环境保护设施竣工验收监测的工况要求按生态环境部颁布的相关标准和规定执行。

⑥ 采样方法和分析方法

污染源监测采样方法按照 GB/T 16157—1996、GB/T 397—2022 和生

态环境部颁布的分析方法中的采样部分执行。

　　无组织排放采样方法按照 HJ/T 194—2005 和生态环境部颁布的分析方法中的采样部分执行。

　　即用状态印刷油墨 VOCs 含量限值分析方法：水性油墨参照 HJ 371—2016 执行，其他油墨参照 HJ 2542—2016 执行。

　　污染物监测分析方法按照表 4 - 22 执行。

表 4 - 22　污染物监测分析方法

序号	污染物	测　定　方　法	标准号
1	苯	环境空气中苯系物的测定（固体吸附/热脱附-气相色谱法）	HJ 583—2010 HJ 584—2010
2	甲苯	环境空气中苯系物的测定（活性炭吸附/二硫化碳解吸-气相色谱法）	
3	二甲苯		
4	NMHC	固定污染源排气中非甲烷总烃的测定（气相色谱法）	HJ/T 38—1999
5	TOC	固定污染源总有机碳的测定（燃烧氧化-非分散红外吸收法）	待定
6	TVOC	待定	待定

注：本标准中 TVOC 的测定暂参考以上所列方法，待国家发布相应的方法标准并实施后，以国家标准为准。

　　（2）运营管理与监控

　　根据实际调研，目前上海市印刷行业 VOCs 排放的现状如下。

　　使用溶剂型油墨的凹印以及使用溶剂型胶黏剂的涂布和复合工艺还大量存在于包装印刷工艺过程，这是导致印刷行业 VOCs 排放的根本原因。

　　生产过程中，大量溶剂的使用，未做到密闭，导致大量的溶剂挥发无组织排放。

　　生产过程中废气捕集效率低也导致 VOCs 不能被有效捕集而大量排放。

　　部分排放量大的工艺，虽然对 VOCs 进行了捕集，但是并未经过处理就直接排放或者虽然有处理设施但是运营管理不善，导致排放超标。

因此为了达到有效地减排 VOCs 的目的,应根据现场观察,借鉴美国、欧盟、中国香港、中国台湾和北京市、广东省、天津市对印刷企业的相关排放标准或控制措施,制定运营管理与监控措施。应积极推进印刷和印后工艺使用低挥发性或无挥发性有机物的清洁生产工艺和材料。含挥发性有机物的油墨、胶黏剂、稀释剂等材料的使用量应予以统计,并保留相关记录。使用含挥发性有机物的油墨、胶黏剂、稀释剂等材料时,应密闭储存和输送,生产工艺和设施必须设立局部或整体气体收集系统和集中净化处理装置。净化处理装置应先于生产工艺设施启动,并同步运行,滞后关闭,并应按照环保主管部门的要求安装自动监控设备,监控净化处理效果。

4.3　上海市标准的修订方向

近期,上海市地方印刷业大气污染物排放标准正在修订,目前主要的修订方向包括污染物控制指标的设置、限值的调整及无组织管控要求的深化。

4.3.1　污染物控制指标的设置和限值的调整

此次标准的修订主要设置苯、甲苯、二甲苯、苯系物、非甲烷总烃、颗粒物 6 项有组织大气污染物控制指标,规定污染物治理设施非甲烷总烃最低去除效率的要求,设置燃烧类治理设施氮氧化物和二氧化硫控制指标,设置厂区内非甲烷总烃无组织控制指标,设置厂界苯的无组织控制指标。

与现行标准相比较,6 项有组织大气污染物控制指标中,苯系物为新增指标,其余除甲苯和非甲烷总烃的浓度限值保持不变,对苯、二甲苯和颗粒物的浓度限值进行收严。厂界苯指标限值未变。其余新增的去除效率、氮氧化物、二氧化硫、厂区内无组织排放限值等指标,从行业结构和先进工艺发展趋势考虑,标准均处于国内先进水平。针对该行业的先进工艺发展,这些指标更具有操作性。

4.3.2　无组织管控要求

此次标准的修订在无组织管控方面有了进一步的深化要求,要求企业使用油墨、清洗剂、胶黏剂、涂料等含 VOCs 原辅材料时应符合国家相关规定,并且规定了企业 VOCs 物料储存、VOCs 物料转移和输送、工艺过程、设备与管线组件泄漏、敞开液面的控制及 VOCs 无组织排放废气收集处理系统应满足的相关要求。

4.3.3　修订的环境效益和技术经济可行性

按照最新拟修订的标准,废气排放方面收严了活性污染物(苯、二甲苯、苯系物)的排放限值,同时规定了无组织排放限值,明确无组织管控要求,有利于强化企业对活性污染物的管控及 VOCs 的无组织管控,符合本市当前大气环境管理的需求。

自 2014 年起,上海市主要印刷企业均开展了以末端治理提升为主的 VOCs1.0 减排工作和以源头、过程和无组织管控为主的 VOCs2.0 减排工作。随着两轮 VOCs 减排工作的推进,印刷企业基本完成了源头替代、过程管控和相应的设施改造和升级,基本可以达到标准修订后提出的排放管控要求,无须再次大规模进行环保设施的投入,仅有部分企业需对局部设备或生产原辅材料予以改造和替代。根据现有监测数据,废气的达标率在 96% 以上。

第5章 印刷业 VOCs 排放量核算方法

计算 VOCs 排放量是一个复杂的过程,需要考虑一系列因素,例如原辅材料的使用情况、原辅材料的 VOCs 含量、捕集装置的收集效率、末端处置的效果等。VOCs 排放量的核算方法,通常包括实测法、物料衡算法、产污系数法、类比法、实验法,不同的方法对应的计算结果可能也会大相径庭,在这种情况下,往往需要遵循一些基本原则,或制定相应的计算方法来约束计算,使得 VOCs 排放量核算具有科学性、客观性和可比性。

5.1 生态环境部

2018 年,生态环境部发布了《污染源源强核算技术指南 准则》(HJ 884—2018)(以下简称《准则》),规定了建设项目环境影响评价中污染源源强核算的总体要求、源强核算程序、源强核算原则等内容。2018—2020 年,生态环境部先后制定发布了汽车制造、钢铁工业、化肥工业、制革工业、火电、锅炉、电镀等 15 个行业污染源源强核算技术指南,暂未发布印刷业污染源源强核算技术指南,但其计算方法依旧可以参照《准则》实施。

《准则》中,将源强核算程序分为 4 个阶段(图 5-1),具体如下。

(1)污染源识别和污染物确定阶段:结合工艺流程,识别产生废气、废水、噪声、固体废物、振动等的污染源,确定污染源类型和数量,针对每个污染源识别所有规定的污染物,并确定其治理措施;

(2)核算方法及参数选定阶段:按照行业指南规定的优先级别选取适当的核算方法,合理选取或科学确定相关参数;

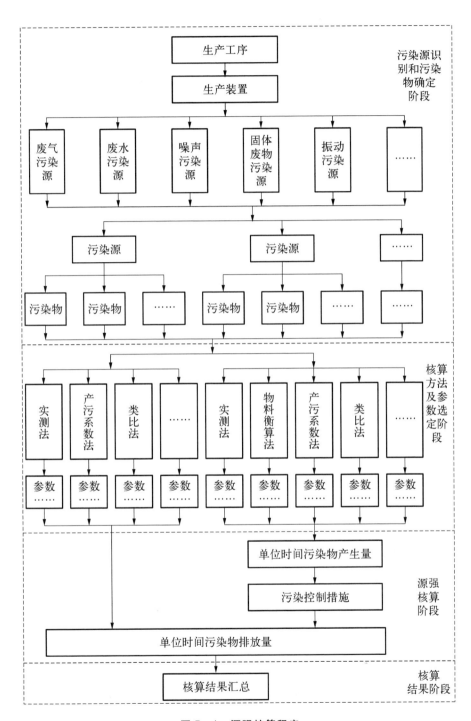

图 5-1　源强核算程序

（3）源强核算阶段：根据选定的核算方法和参数，结合核算时段确定污染物源强，一般为污染物年排放量和小时排放量等；

（4）核算结果阶段：根据以上核算阶段，列表给出源强核算结果和相关参数。

污染源的识别应结合行业特点，涵盖所有工艺和装备类型，明确所有可能产生废气、废水、噪声、固体废物、振动等的场所、设备或装置，包括可能对水环境和土壤环境产生不利影响的"跑、冒、滴、漏"等环节。

废气污染源类型：按照污染源形式可划分为点源、面源、线源、体源；按照排放方式可划分为有组织排放源、无组织排放源；按照排放特性可划分为连续排放源、间歇排放源；按照排放状态可划分为正常排放源、非正常排放源。

以典型印刷工艺的 VOCs 排放节点为例，其主要 VOCs 排放源为印刷、烘干、清洗、复合等工艺过程，油墨、稀释剂等原辅材料的储存、准备、调配和运输过程，印刷废水、废油墨、废涂料等运输和储存过程的溶剂散逸。

确定污染源后，根据国家或地方颁布的行业污染物排放标准，确定污染源废气、废水相关污染物。没有行业污染物排放标准的，可结合国家或地方颁布的综合排放标准，或参照具有类似产排污特性的相关行业的排放标准，确定污染源废气、废水相关污染物，也可依据原辅材料及燃料使用和生产工艺情况，分析确定污染源废气、废水相关污染物。

参照《印刷工业大气污染物排放标准》（GB 41616—2022）中规定的大气污染物排放限值，印刷业中主要的 VOCs 污染源为苯、苯系物与非甲烷总烃。

印刷行业通常可以采用实测法、物料衡算法和产污系数法等计算 VOCs 排放量。

5.2 美国国家环境保护局（EPA）

美国国家环境保护局（EPA）对 VOCs 的排放进行了详细的监管。EPA 有许多与 VOCs 相关的规定和指南，包括如何计算和报告 VOCs 的排放量。

一种常见的计算方法是直接用测量法计算，通常被称为"源测试"

（source test）。该方法为直接在设备的排放口进行采样和分析。EPA 的空气排放测量中心（EMC）还制定了许多具体的测试方法和协议，包括采样、分析和数据处理等步骤，用于测量各种污染物，如挥发性有机物（VOCs）、粒子物质、有害空气污染物等。美国联邦法规《40 CFR 第 60 部分 新固定源排放标准（NSPS）》［40 CFR Part 60 Standards of Performance for New Stationary Sources（NSPS）］和《40 CFR 第 63 部分 固定源类危险空气污染物国家排放标准（NESHAP）》［40 CFR Part 63 National Emission Standards for Hazardous Air Pollutants（NESHAP）］中也有关于印刷业的排放标准。

另一种方法是使用 EPA 的排放因子计算。排放因子是根据特定行业和设备的典型操作条件计算出的单位生产量（例如，印刷一份报纸或制造一批产品所产生的平均 VOCs 排放量）。

《空气污染物排放因子汇编》（简称 AP - 42 手册）是 EPA 发布的一套编译大气污染源排放因子的手册。该手册提供了大量的工业和非工业过程的污染物排放因子，包括挥发性有机物（VOCs）。AP - 42 手册是许多环境工程师和科学家用来估算工业过程排放的标准手册。

关于印刷行业，AP - 42 手册的第 4 章第 4.9 小节"一般图文印刷"和"出版物凹版印刷"中给出了很多相关的系数。在这个章节中，AP - 42 手册提供了一系列公式和排放因子，可以用来计算各种印刷过程中的 VOCs 排放量。这些公式和排放因子考虑了许多因素，如设备类型、油墨和清洗剂的类型、操作条件及控制设备的效率等。

AP - 42 手册中提到印刷操作产生的主要排放物是挥发性有机溶剂。这些排放物的数量随印刷流程、油墨配方、油墨覆盖面积、印刷压力大小和速度，以及操作时间的变化而变化。尽管纸张在干燥过程中会产生低水平的有机排放物，但纸张类型（有涂层或没有涂层）对 VOCs 排放量的影响甚微。高容量的连续纸卷供纸印刷机是 VOCs 的主要来源。

大多数油墨中的溶剂与用于去除潮湿和清洁的溶剂最终会进入大气，但有些溶剂会随着印刷品离开工厂而保留在产品中，然后再释放到大气中。总的溶剂排放量可以使用式（5 - 1）通过物质平衡的原理计算。（除非使用直接火焰干燥器时，一些溶剂会被热降解。）

在 21℃时,

$$E = \frac{ISd}{100} \times \frac{(100 - P)}{100} \tag{5-1}$$

式中,E 为印刷生产线的 VOCs 排放量,kg;I 为油墨使用量,L;S、P 为表 5 - 1 中的参数;d 为溶液密度,kg/L。

表 5 - 1　AP - 42 手册中计算印刷生产线的 VOCs 排放量的典型参数

过　　程	印刷油墨中的溶剂含量(S)/%	产品中剩余的溶剂及干燥器中销毁的溶剂含量(P)/%	排放因子评级
连续胶印	40	40(热风干燥器) 60(直接火焰干燥器)	B
连续胶印(报纸)	5	100	B
连续凸版印刷	40	40	B
连续凸版印刷(报纸)	0	NA	NA
凹版印刷	75	2~7	C
柔性版印刷	75	2~7	C

注:NA 为未检测。

　　AP - 42 手册中也强调了在实际操作中需要考虑的一些问题。AP - 42 手册提供的排放因子通常是平均值,反映了典型设备和操作条件下的排放水平。因此,使用这些排放因子的时候,需要考虑到其他工况下的不确定性。在条件允许的情况下,最好使用具体设备和操作条件下的实测数据来校准或验证这些排放因子。

　　总的来说,AP - 42 手册为估算印刷行业的 VOCs 排放量提供了一套全面而详细的方法。但是,使用 AP - 42 手册的时候,用户需要确保理解其基本原理和假设,以及如何正确地应用这些公式和因子。但也由于该手册发布的时间较早,部分排放因子与现在的实际情况不一定完全契合,AP - 42

手册中的排放因子更多地可以作为一种方便快捷的计算参考。而另一种思路则是参考 AP－42 手册中的方法，调研、收集现在典型印刷企业的排放特征，绘制一个本土化的排放量系数表格，用于更好地估算印刷行业的 VOCs 排放量。

5.3　欧盟综合污染预防和控制局（EIPPCB）

欧盟综合污染预防和控制局（EIPPCB）是欧盟委员会环境总司的一个部门，是位于西班牙塞维利亚的欧盟委员会联合研究中心的塞维利亚站点。其主要任务是组织和协调欧盟《工业排放指令》（industrial emissions directive，IED）下的最佳可行技术信息交流活动。

欧盟确实为控制挥发性有机物（VOCs）的排放制定了一系列法规，并为印刷业等某些特定的工业部门提供了详细的技术指南。

欧盟的《工业排放指令》是控制工业排放的主要法规，其中包含了对 VOCs 排放的控制要求。IED 要求工业设施使用最佳可用技术来控制污染物排放。对于印刷业，特别是使用含有 VOCs 的油墨和清洁剂的印刷过程，2020 年，EIPPCB 发布了最佳可行技术指南《有机溶剂表面处理（包括用化学品保存的木材和木制品）》（surface treatment using organic solvents including wood and wood products preservation with chemicals，STS），其中包含了计算和控制 VOCs 排放量的具体指南。

VOCs 排放量通常是基于设备和过程的特性，包括使用的材料（例如油墨和清洁剂的类型和消耗量）、操作条件（例如运行时间和温度），以及污染控制设备（例如热氧化器）的性能进行计算的，具体的计算方法可能会因为设备和过程的具体情况而有所不同。

5.4　上海市生态环境局

2016 年上海市环境保护局发布了《上海市印刷业 VOCs 排放量计算方法（试行）》，规定了上海市印刷业 VOCs 排放量计算方法，该方法是一种物料衡算方法。

印刷行业 VOCs 的主要来源包括油墨、稀释剂、润版液、清洗剂、胶黏剂、上光油等。

产生 VOCs 的环节包括物料的储存、调配、转移、使用、干燥、清洗、回收等。

印刷行业 VOCs 排放量按 VOCs 产生量与去除量之差进行计算,见式(5-2)。

$$E_{印刷} = E_0 - D_0 \qquad (5-2)$$

式中,$E_{印刷}$ 为统计期内 VOCs 排放量,kg;E_0 为统计期内 VOCs 产生量,kg;D_0 为统计期内污染控制设施的 VOCs 去除量,kg。

(1) VOCs 产生量

印刷行业生产过程中产生的 VOCs 来源于溶剂的使用,含 VOCs 的物料包括但不限于油墨、胶黏剂、涂布液、润版液、洗车水、稀释剂等。

VOCs 的产生量按物料衡算法计算,见式(5-3)。

$$E_0 = E_{0,物料} - E_{0,回收} \qquad (5-3)$$

式中,$E_{0,物料}$ 为统计期内使用物料中的 VOCs 量之和,kg;$E_{0,回收}$ 为统计期内各种溶剂与废弃物(含固体和液体)回收物中的 VOCs 量之和,kg。

$$E_{0,物料} = \sum_{i=1} W_i \times WF_i \qquad (5-4)$$

式中,W_i 为统计期内含有 VOCs 的物料 i 的投用量,kg,以库存单据等凭证为计算依据;WF_i 为统计期内物料 i 的 VOCs 质量百分含量,%,该值以产品质检报告等为依据,当 VOCs 质量百分含量无法获得时,可按表 5-2 取值。

表 5-2　物料的 VOCs 质量百分含量

物　料	印　刷　方　式	颜　色	VOCs 质量百分含量
油墨	塑料里印	白色	65%
		白色以外的色墨	70%

续　表

物　　料	印 刷 方 式	颜　　色	VOCs 质量百分含量
油墨	塑料表印	—	60%
	纸质凹版印刷	—	60%
	柔性版印刷	—	60%
	丝网印刷	—	45%
	金属印刷	—	45%
	商业轮转印刷	—	30%
	单张纸印刷	—	5%
胶黏剂	—	—	30%
涂布液	—	—	40%
润版液	—	—	20%
洗车水	—	—	17%
稀释剂	—	—	100%

$$E_{0,回收} = \sum_{j=1} W_j \times WF_j \qquad (5-5)$$

式中，W_j 为统计期内溶剂 j 或废弃物 j 的回收量，kg，该值以接受单位出具的发票等凭证为计算依据；WF_j 为统计期内溶剂 j 或废弃物 j 的 VOCs 质量百分含量，%，该值以接受单位出具的成分报告等资料为依据。

（2）VOCs 去除量

VOCs 去除量按污染控制设施的实测 VOCs 去除量计算。

$$D_0 = \sum_{i=1} D_i \qquad (5-6)$$

式中，D_0 为统计期内污染控制设施的实测 VOCs 去除总量，kg；D_i 为统计期内污染控制设施 i 的实测 VOCs 去除量，kg。

5.5 广东省生态环境厅

2019 年 2 月,广东省生态环境厅印发《重点行业挥发性有机物排放量计算方法》,针对工业企业 VOCs 减排工作,制定了第一批重点行业挥发性有机物排放量计算方法,其中包括《广东省印刷行业 VOCs 排放量计算方法(试行)》。

该方法适用于广东省印刷行业(包括但不限于书、报刊印刷,本册印制,包装装潢及其他印刷)生产过程中的 VOCs 排放量计算。

印刷行业 VOCs 排放量计算采用全过程物料衡算法,VOCs 排放量为 VOCs 投用量与 VOCs 回收量和去除量之差,见式(5−7)。

$$E_{印刷} = E_{投用} - E_{回收} - E_{去除} \tag{5-7}$$

式中,$E_{印刷}$ 为统计期内印刷企业的 VOCs 排放量,kg;$E_{投用}$ 为统计期内使用物料中的 VOCs 量之和,kg;$E_{回收}$ 为统计期内各种溶剂与废弃物回收物中不用于循环使用的 VOCs 量之和,kg;$E_{去除}$ 为统计期内污染控制设施的 VOCs 去除量,kg。

相关因子的计算方法与《上海市印刷业 VOCs 排放量计算方法(试行)》中的方法相似,此处不做详述。

第6章　印刷业 VOCs 排放控制综述

6.1　印刷业 VOCs 源头控制

控制原辅材料 VOCs 含量旨在推行使用低 VOCs 或无 VOCs 的环保油墨、水斗液、胶黏剂、上光油以及清洗剂等原辅材料,从工艺的开端减少原辅材料的 VOCs 含量,从而达到 VOCs 减排的目的。

6.1.1　油墨

在印刷工艺允许的情况下,优先使用下述油墨。

能量固化油墨:如 UV 油墨和 EB 油墨。此类油墨的有机溶剂含量极低,使用过程几乎不排放 VOCs。UV 油墨可用于平版印刷、凸版印刷、凹版印刷、孔版印刷以及喷墨印刷的各个领域,适用的承印物有纸张、塑胶、电路板、铝箔等。

水性油墨:指以水为主要溶剂的油墨,主要应用于柔性版印刷与凹版印刷。目前我国出版领域的凹版印刷基本采用水性油墨,但软包装领域仍然大量使用溶剂型油墨。

植物油基油墨:用植物油代替石油系溶剂型油墨中的矿物油,目前使用最广泛的是大豆油墨,主要用于平版印刷。

常用油墨的 VOCs 含量见表 6-1。

6.1.2　水斗液

在胶印过程中尽量使用无醇或低醇水斗液。采用水斗液循环膜过滤技术,提高润版液使用效率。几种水斗液的 VOCs 含量实测及使用效果见表 6-2。

表 6-1　常用油墨的 VOCs 含量

序号	油　墨	VOCs 含量（黑）/%	VOCs 含量（青）/%	VOCs 含量（品红）/%	VOCs 含量（黄）/%	VOCs 平均含量/%
1	单张纸胶印油墨	19	11	12	13	13.8
2	热固胶印油墨	39	33	34	31	34.3
3	冷固胶印油墨	17	15	15	17	16.0
4	UV 胶印油墨	8	12	7	9	9.0
5	溶剂型凹印油墨	68	72	69	80	72.3
6	溶剂型柔印油墨	50	50	50	55	51.3
7	孔版印刷油墨	21	23	24	24	23.0

表 6-2　几种水斗液的 VOCs 含量实测及使用效果

测 试 内 容	无醇水斗液	环保水斗液 1	环保水斗液 2	传统水斗液
水斗液原液 VOCs 含量/(g/L)	352	137	6.3	760
水斗液调配比例（酒精：原液：水）	0：3：97	5：2：93	2：4：94	8：2：90
水斗液 VOCs 含量/(g/L)	10.6	41	15	64
水斗液净耗量（6 000 印对开纸单面印刷）/L	7.5	6.5	4.5	8.3
快速干透效果	较好	好	好	好
无油墨乳化效果	较好	好	好	好
不易干燥效果	较好	好	好	好
印版亲和效果	较好	好	好	好

6.1.3 清洗剂

使用水基清洗剂代替溶剂型清洗剂。

水基清洗剂目前已经在印刷行业中普遍使用,由于采用了表面活性剂并使用水包油型乳化油,大大降低了溶剂的使用量和挥发量。与传统的溶剂型清洗剂相比,水基清洗剂能有效改善作业环境、提高作业空间的安全性。

6.1.4 胶黏剂

使用水性胶黏剂等低溶剂含量的胶黏剂代替溶剂型胶黏剂。

国内现在所用产品大多为双组分溶剂型聚氨酯胶黏剂,一般工作浓度在 30% 左右,所用溶剂大多为乙酸乙酯。每使用 1 t 干胶,就会有 2 吨多的乙酸乙酯排放到空气中,这些溶剂的排放严重地污染了环境,也大大浪费了能源和资源。

现在普遍使用的绿色环保的复合膜用胶黏剂主要是无溶剂型聚氨酯胶黏剂和水性聚氨酯胶黏剂。无溶剂型聚氨酯胶黏剂不需要溶剂,所以没有溶剂排放的问题。而水性聚氨酯胶黏剂的溶剂是水,水的排放对环境无害。但从节能减排的角度来讲,无溶剂型聚氨酯胶黏剂是未来复合膜用胶黏剂发展的方向。

6.1.5 上光油

使用 UV 固化型上光油、水性上光油代替溶剂型上光油。

溶剂型上光油因具有良好的耐溶剂、耐化学品、高光泽度等优点,目前是纸品上光油的主要品种。但在使用时,溶剂型上光油会挥发出大量有机溶剂,从而影响人们的身体健康,严重污染环境。UV 固化型上光油具有干燥速度快、耐化学品、高光泽等优点;水性上光油是 20 世纪 90 年代发展起来的新型环保型产品,具有透明感强、无色、无味、低 VOCs、无毒、低成本、良好的光泽性、耐折性等特点,因此采用 UV 固化型上光油、水性上光油替代溶剂型上光油在 VOCs 减排上具有一定效果。

6.2 印刷业 VOCs 过程控制

VOCs 过程控制是指在生产工艺过程中,通过优化生产工艺,减少 VOCs 的过程排放。

6.2.1 工艺选择

在工艺条件允许的情况下,选择采用油性油墨、UV 油墨的胶印,或采用水性油墨、UV 油墨的柔性版印刷代替采用溶剂型油墨的凹版印刷。

目前,使用溶剂型油墨的凹版印刷和使用溶剂型油墨的柔性版印刷是印刷业 VOCs 的主要来源。因此在工艺条件允许的情况下,从工艺上替代是解决印刷业 VOCs 排放的最基本方式。

欧洲的包装印刷中,胶印占 40%,排在第一位,其次是柔性版印刷,占 32%;凹版印刷占 18%;其他为 10%。其中又以柔性版印刷潜力最大。柔性版印刷的承印物中,聚乙烯薄膜占 46%,排在第一位;瓦楞纸板占 29%;PET、OPP、PVC 等塑料材料占 25%。

美国的包装印刷中,柔性版印刷最为突出,占 70%,被广泛应用于食品、医药等各行业的纸袋、标签、纸箱、纸盒等包装产品的印刷。

6.2.2 流程控制

流程控制主要是优化工序安排,减少停机和换印次数,以及试印和废品量。

在印刷生产过程中,印刷油墨为 VOCs 的主要来源,因此,减少印刷油墨的使用时间,如减少停机、换印、试印等也可以减少 VOCs 排放。

6.2.3 密封原料供应系统

印刷生产过程中的 VOCs 排放主要是由于有机溶剂的挥发,目前一般印刷机上均可配置废气收集处理系统,将工艺过程中的废气收集处理后排放。但是,在含溶剂的原辅材料调配、运输等过程中产生的 VOCs 由于其使用特性较难统一收集处理,因此在原辅材料供应系统中采用密闭容器和管

道调配、输送原料,减少原料储存、配制及供应过程中的 VOCs 逸散,是控制
VOCs 排放的主要方法。

6.2.4　建立 VOCs 废气收集处理系统

建立印刷、烘干和复合工序废气收集处理系统,增加 VOCs 捕集效率,
减少无组织排放。

单张印刷企业应将车间密封,轮转印刷企业、金属印刷企业和凹印印刷
企业应在所有 VOCs 排放点设立废气收集处理系统,保证 VOCs 捕集效率
不低于 90%。实测印刷设备 VOCs 捕集效率见表 6－3。

表 6－3　实测印刷设备 VOCs 捕集效率

印刷设备	九色凹印机 1	溶剂型干复机	单色凹印机	九色胶印机	九色凹印机 2	九色凹印机 3
捕集效率	22.20%	19.07%	16.47%	1.57%	36.25%	31.45%

以 VOCs 排放量最大的凹印机为例,捕集效率从 30% 提高到 90%,则减
排效果可以提高 3 倍。印刷生产可以结合生产要求,采用局部或者围闭式
的收集系统,提高捕集效率。

6.3　印刷业 VOCs 末端控制

VOCs 末端治理技术可以有很多选择,在工程实践中已有应用的技术
见表 6－4。

表 6－4　常见的 VOCs 末端治理技术

技术方法	原　　理	技术关键	适用场合	应用效益
冷凝法	利用气体组分的冷凝温度不同,将易凝结的 VOCs 组分通过降温或加压凝结成液体而达到分离的目的	冷凝温度/压缩压力	高浓度	溶剂回收

续　表

技术方法		原　　理	技术关键	适用场合	应用效益
吸附法	颗粒活性炭	利用多孔固体(吸附剂)将气体混合物中的一种或多种组分积聚或凝聚在吸附剂表面,从而达到分离的目的	吸附温度或压力、过滤风速、穿透周期	低浓度	热量/溶剂浓缩回收
	活性碳纤维				
	沸石轮转				
燃烧法	热氧化炉	在高温下同时供给足够的氧气,将 VOCs 气体完全分解成二氧化碳和水等无机物	燃烧温度、停留时间	高浓度	热量回收
	催化氧化器	利用催化剂,在较低温度下将 VOCs 氧化分解	空间速度、氧化温度	中浓度	
其他	吸收法	利用 VOCs 各组分在选定的吸收剂中的溶解度不同,或者其中某一种或多种组分与吸收剂中的活性组分发生化学反应,达到分离和净化的目的	吸收剂、气液比	低、中浓度	DMF 溶剂回收
	化学氧化法	用具有氧化性的吸收液洗涤 VOCs 气体,达到净化的目的	洗涤剂、气液比	低浓度	处置特定低浓度、有较明显气味的 VOCs 污染,改善异味排放
	等离子法	利用外加电压产生高能等离子体去激活、电离、裂解 VOCs 组分,使之发生分解、氧化等一系列复杂的化学反应	放电介质、电场电压	低浓度	
	生物法	微生物以 VOCs 作为代谢底物,使其降解,转化为无害的、简单的物质	停留时间、过滤风速	低浓度	
	光催化氧化法	利用光催化剂(如 TiO_2),氧化分解 VOCs 气体	停留时间、光波波长	低浓度	

从资源循环利用的角度,溶剂回收是最佳选择。溶剂回收最常用的方法是吸附法,其中颗粒活性炭吸附、活性碳纤维吸附等技术是经典的成熟技术的代表;冷凝法是溶剂回收的最终手段,也是高浓度 VOCs、小风量气体预处理的常用方法,但冷凝后的 VOCs 浓度仍难达到直接排放的要求,所以需要和其他方法组合使用。吸收法等技术在特定的工业行业和 VOCs 组分情况下,也是溶剂回收的有效方法,如用于合成革的 DMF 溶剂回收。

从资源综合利用的角度,热量回收也是一个好方法,即采用燃烧法氧化分解 VOCs,并回收利用有机物的分解热量。换热式热氧化是最经典的方法,但往往需要消耗较多燃料;通过蓄热式换热,可有效提高换热效率,减少能源消耗;采用催化氧化法可以通过大幅降低氧化温度,从而减少能源消耗。如果 VOCs 浓度较低,可通过沸石轮转浓缩,将 VOCs 浓度浓缩提高后再采用热氧化法进行净化处理。

化学氧化法、等离子法、光催化氧化法、生物法等 VOCs 末端治理技术正在不断发展中,特别是在一些 VOCs 浓度低并具有明显气味的场合,这些技术已取得较成功的工程应用。

为了改善环境空气质量,降低 PM$_{2.5}$ 的污染浓度,大幅减少 PM$_{2.5}$ 前体物——VOCs 的排放量,是我们当前面临的紧迫任务。采用最先进的治理技术,最大限度降低 VOCs 排放量,是 VOCs 减排的重要措施之一。吸附法、燃烧法和冷凝法等不仅技术成熟,净化率高,而且通过溶剂回收或热量回收还可获得相应的经济效益,是取得实质性减量排放的有效技术手段。

6.3.1　吸附法

吸附(adsorption)法早在 20 世纪 50 年代就被广泛用于 VOCs 的高效回收。随着吸附剂的改良和吸附系统的改进,吸附法在 VOCs 治理中应用得更加广泛、深入。

吸附原理为 VOCs 气体通过多孔固体(吸附剂)并附着于其表面上,从而达到去除 VOCs 的目的。

最常用的吸附剂是活性炭,其由煤、木材、果壳、石油焦等原材料制得。其内部孔结构具有巨大的表面积。

第7章 印刷业 VOCs 控制减排案例

7.1 典型企业 VOCs 管控情况

7.1.1 印刷企业案例数据统计

根据企业的特性,本章挑选了 10 家典型的印刷企业,包括药物包装企业、书刊印刷企业、食品包装印刷企业、票据印刷企业、烟草包装印刷企业等。企业类型包括国有企业、外资企业和私营企业。企业年产值从几百万元到数亿元不等。采用的印刷方式包括单张纸胶印、轮转胶印、丝网印刷、柔性版印刷、凹版印刷以及数码印刷等。企业废气的收集方式包括车间密闭加集气罩收集、局部排风收集以及整体排风收集等;采用的末端治理措施包括使用更换式活性炭、水洗、蓄热燃烧、吸附脱附+催化燃烧等主流工艺。

这 10 家企业在地理位置、企业规模、生产类型、技术水平以及管理模式等方面均有所不同,反映了印刷行业的多样性。选取这些案例,目的是对这些企业从与 VOCs 管控相关的各个维度进行统计分析,以便更全面地理解和衡量其 VOCs 管控水平,包括 VOCs 排放浓度、VOCs 排放量、VOCs 治理设施以及 VOCs 治理设施运行费用等。这些数据有助于相似企业解决在标准实施过程中所碰到的问题,以及为企业改善自身 VOCs 处置及管控能力提供参考。

7.1.2 VOCs 排放浓度

通过统计梳理 10 家印刷企业 VOCs 治理设施的进出口浓度,得到出口浓度最低为 3.16 mg/m³、最高为 30.8 mg/m³,按照上海市《印刷业大气污染物排放标准》中的排放浓度限值(50 mg/m³),这些企业的排

会有很大的变化,通常需要参照同类工程的经验或通过试验确定。

更换下来的失效活性炭应合规处置。

(2)再生式固定床颗粒活性炭吸附装置

再生式固定床颗粒活性炭吸附装置是实际应用中较有效的 VOCs 治理装置。装置中至少有 2 个床体装填活性炭,其中 1 个可以离线脱附再生,其余的吸附床可以连续吸附,其工作原理见图 6－1。

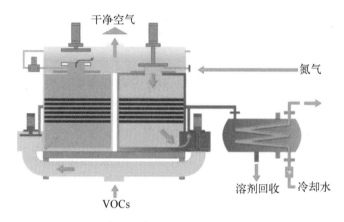

图 6－1　再生式固定床颗粒活性炭吸附装置的工作原理

吸附床的炭床厚度一般为 450~1 200 mm,空塔速度通常取 0.1~0.5 m/s,流程阻力损失为 750~3 750 Pa。

炭床离线脱附再生时间的确定有 2 种方法。最有效的方法是在炭床出口处设置 VOCs 浓度检测仪,根据实测浓度确定脱附再生时间;另一种方法是根据活性炭供货商提供的穿透曲线和 VOCs 产生量,估算吸附周期,定时离线脱附再生。吸附周期也可以利用便携式 VOCs 检测仪通过现场检测穿透时间来确定。但在气体流量和浓度不是均匀稳定的情况下,这种方法无实用意义。

常用的脱附再生工艺是热吹扫。如果吹扫流体是蒸汽,则再生冷凝液是液态溶剂和水的混合物。

脱附再生开始后,蒸汽逆向(与吸附反向)送入炭床,待炭床和床体受热升温后,蒸汽将 VOCs 从活性炭中脱出并携带至冷凝器。冷凝液进入重力分离器,溶剂与水分离得到回收。不凝性气体返回吸附床。但与溶剂分离后的水会成为二次污染。

常用脱附温度在 110℃ 以上,脱附时间为 30 ~ 60 min,蒸汽用量可按 0.25 ~ 0.35 kg/kg 碳估算。

脱附完成后,需要引入处理后的干净气体对炭床进行冷却和干燥。整个脱附再生过程为 1 ~ 1.5 h。

脱附热吹扫也可以采用热气体,如氮气。其脱附过程与蒸汽脱附相似,由于无须干燥,所以整个脱附周期需 45 ~ 60 min。

与传统的蒸汽脱附不同,由于采用氮气作为传热和脱附的介质,所以回收的溶剂液体中水的含量很低,对于水溶性较大的溶剂更具回收优势。同时由于不像传统的蒸汽再生系统那样,需要较多的水蒸气作为动力输送蒸汽并在后续的冷凝器中被冷凝而消耗,该系统的总体能耗相对较低。另外,采用热气体脱附回收,对于一些通常操作条件下易水解、水蒸气脱附较困难、沸点较高的组分也有良好的脱附回收效果。

2. 蜂窝活性炭吸附装置

蜂窝活性炭是参照蜂窝陶瓷体的制作方式,将粉末活性炭与无机化合物和黏结剂混合制成蜂窝状方孔的新型过滤材料。其最大的特点是利用蜂窝体直通通道,将吸附床的空塔速度提高到 0.8 ~ 1.2 m/s,流程阻力下降至 800 ~ 1 200 Pa。

蜂窝活性炭吸附装置流程示意见图 6 - 2。含有 VOCs 的气体流经装填有蜂窝活性炭的吸附床,VOCs 吸附于蜂窝活性炭上,干净空气排出;蜂窝活性炭吸附饱和后,将热空气送入吸附床对蜂窝活性炭进行脱附再生;脱附产生的高浓度 VOCs 气体,进入催化氧化床氧化分解,干净的热空气用于蜂窝活性炭脱附再生。

蜂窝活性炭吸附装置具有以下特点:低能耗——直通式流道,空气流阻低;低成本——吸附材料国内自主生产;易维护——无复杂、精密的机械运转部件;运行维护简单方便。

3. 活性碳纤维吸附装置

活性碳纤维是性能优于颗粒活性炭的高效活性吸附材料。它由纤维状前驱体(纤维素基、PAN 基、酚醛基、沥青基等),经一定的程序炭化活化而成。

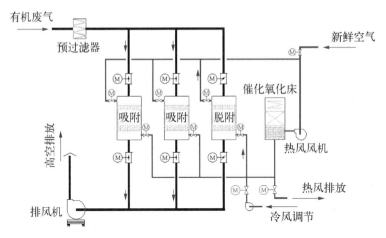

图 6 - 2　蜂窝活性炭吸附装置流程示意

目前常见的活性碳纤维吸附装置采用活性碳纤维毡制成吸附滤筒，并组成吸附装置，脱附再生采用蒸汽完成，大多用于溶剂蒸气的回收。活性碳纤维吸附装置的工作原理见图 6 - 3。

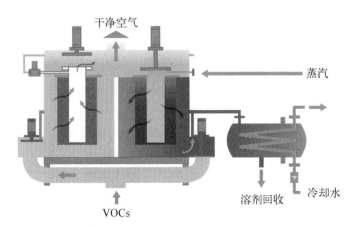

图 6 - 3　活性碳纤维吸附装置的工作原理

活性碳纤维吸附装置与颗粒活性炭吸附装置相比，能够通过降低吸附、解吸的热分解，提高回收溶剂的品质。

4. 沸石轮转吸附装置

沸石也是应用较多的吸附剂。通过使用不同孔径的疏水性沸石混合物，可以使相应分子大小的 VOCs 得到有效吸附。

当含有 VOCs 的空气流过沸石分子时,沸石起到分子筛的作用,捕获那些可以被吸附的 VOCs 分子,而让那些大分子物质流过。VOCs 分子受到一个较弱的吸引力滞留在沸石的孔隙中,如果受到外界能量(如热能)的影响,VOCs 分子就可能会挣脱沸石的吸引。

沸石轮转吸附装置中的核心部件是沸石轮转,其是由沸石、黏结剂等材料烧结而成的一种蜂窝状圆盘形吸附部件。沸石轮转上分为三个操作区间,即吸附区、脱附再生区及冷却区。

含有 VOCs 的气体进入沸石轮转的吸附区,VOCs 组分被吸附后,成为净化气体排放。当吸附区接近饱和时,即旋转至脱附再生区,注入高温(180~220℃)空气,进行脱附再生,形成 VOCs 浓缩气体,并将高浓度 VOCs 气体送至氧化炉燃烧分解;经脱附再生处理后的沸石轮转再旋转至冷却区,降温后,继续进行吸附处理。沸石轮转的旋转速度一般为每分钟几转,脱附风量为 5%~10% 的吸附风量。沸石轮转吸附装置的工作原理见图 6-4。

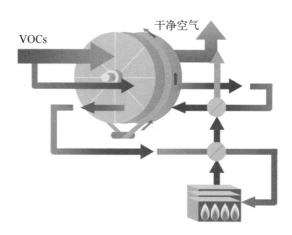

图 6-4　沸石轮转吸附装置的工作原理

沸石轮转吸附装置的优点是可以连续操作,运行稳定;VOCs 燃烧分解产生的热量可以二次回收利用,节省能源;高浓度 VOCs 气体也可以通过冷凝回收溶剂。

沸石轮转吸附装置使用效果的主要影响因素有沸石轮转转速、浓缩倍率、脱附温度、气体组分、气体浓度、温度与湿度等。

6.3.2　燃烧法

燃烧法是在一定温度和有氧的条件下，将 VOCs 燃烧分解为无害的二氧化碳和水的方法。燃烧法可用于各种有机化合物的分解，适当的温度和足够的滞留时间可使 VOCs 得到较完全的分解，通常氧化分解效率可达 95% 以上。

燃烧装置主要有三种形式：火炬、热氧化炉、催化氧化器。火炬通常用于浓度高于爆炸下限 2~3 倍的场合，如石化和有机化工等企业的应急排放净化处理。热氧化炉通常用于浓度小于爆炸下限 50% 或 25% 的场合，而催化氧化器通常用于浓度小于爆炸下限 25% 的场合。

如果有机物中含有氯、氟和硫等元素，则燃烧尾气中会产生 HCl、HF、Cl_2 或 SO_2 等酸性污染物，必须在热氧化炉后设置洗涤塔，将这些酸性污染物洗涤净化后才能排放。如果热氧化炉烟气中 NO_x 浓度较高，还需脱硝处理。

1. 热氧化炉

热氧化炉（thermal oxidizer）由具有耐火材料衬里的炉膛和若干个气或油的燃烧器组成。燃烧器提供的热量用于加热 VOCs 气体，并升温至燃烧分解温度。

热氧化炉的工作原理是在高温下供给足够的氧气，将 VOCs 气体完全分解成二氧化碳和水等无机物。其适用于所有 VOCs，且去除效率高，同时废热可回收再利用，但燃料消耗量大、操作成本及技术要求较高。

为达到 VOCs 完全燃烧分解的目的，必须具备下列四个条件。

（1）空气条件，物质燃烧时必须供应足够的空气量（或氧量）才可使氧化反应充分完成。

（2）温度条件，通常燃烧最低温度需达到 700℃，大多数热氧化的操作温度在 700~900℃。

（3）时间条件，实际应用中需 1 s 以上、2 s 左右的停留时间。

（4）混合条件，即燃料与空气中的氧充分混合，这也是有效燃烧的条件之一。混合程度取决于气流的紊流强度。

2. 直燃式热氧化炉

直燃式热氧化炉的特点是利用热交换器从烟气中回收热量，用于预热废气或其他用途以节省能源。最常用的热交换器是管壳式换热器,其工作原理如图6-5所示,达40%~65%的烟气热量可得到回收利用。

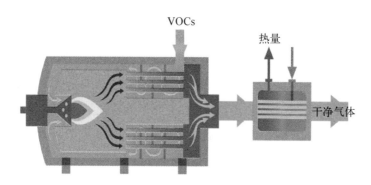

VOCs

热量

干净气体

图6-5 管壳式换热器的工作原理

在直燃式热氧化炉的应用中,废气中的颗粒物浓度必须尽可能小。因为颗粒物会污染换热管内壁,降低换热效率,增加流阻,所以有些换热器配置清灰孔或检修门,用于定期清除管内积灰。废气中某些颗粒物还会存在安全隐患,粉尘燃烧有爆炸可能,危险性较高。

3. 蓄热式热氧化炉

蓄热式热氧化炉的特点是换热器采用陶瓷蓄热床,氧化分解后气体将自身携带的大量热量传递并储蓄在蓄热床中,然后让进入氧化器的气体从蓄热床中获得热量。蓄热式热氧化炉的热回收效率比直燃式热氧化炉高很多,可达95%。

蓄热式热氧化炉通常至少有3个蓄热床,其中一个用于预热进气,另一个用于蓄热降温排气,还有一个用于吹扫循环。吹扫循环可避免蓄热床换向时产生冲击型排放。蓄热式热氧化炉的工作原理见图6-6。如果采用2个蓄热式热氧化炉,在蓄热床换向时,会出现污染物未经有效处理直接排放的现象。这时可采用 VOCs 捕获器,即在蓄热式热氧化炉排放管道中设置一个活性炭床,将换向时产生的未经处理的气体暂存在炭床内,然后通过切换阀门改变气流流向,将捕获的 VOCs 送回至蓄热式热氧化炉进口处。

蓄热式热氧化炉可适用于 VOCs 最高浓度为 10 g/m³ 的场合,当 VOCs 浓度约为 1.5 g/m³ 时,蓄热式热氧化炉不需要补充燃料。如果 VOCs 氧化

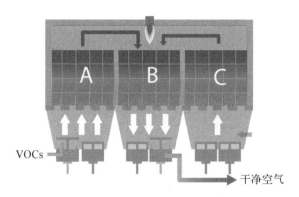

图 6-6　蓄热式热氧化炉的工作原理

分解产生的热量无须回用于生产工艺,则蓄热式热氧化炉是最佳的选择之一。

VOCs 气体中的颗粒物会使蓄热床造成堵塞,从而导致流阻增大。一般要求颗粒物浓度不大于 35 mg/m³ 或在检修期间可以安全地去除颗粒物。

4. 催化氧化器

在催化氧化器中,VOCs 流经催化床,催化剂在 320~450℃ 下触发氧化分解反应,而催化剂本身并不参加反应。催化氧化器的特性是利用催化剂使 VOCs 燃烧分解的温度大幅下降,甚至有可能在正常运行阶段不需要外部能耗(除启动阶段之外)。

典型的催化氧化器的工作原理如图 6-7 所示。VOCs 气体通过间壁式热交换器预热后,如果温度还不够,再经过燃烧器加热达到反应温度,氧化放出的热量使气体升温,高温气体通过换热器后排出。

催化氧化反应温度通常设定在最难分解有机物的催化起燃温度之上,一般在 260~350℃。由于催化氧化器运行前需要一段时间来对催化床进行加热升温,所以当开/关车频繁时,会出现污染排放问题。

催化氧化器适宜处理的浓度在 1 000 mg/m³ 以上,上限浓度不宜达到爆炸下限(LEL)的 25%。

催化氧化器不适用于固体或液体颗粒物浓度较高的场合,因为这些颗粒物会使催化剂受到"污染",形成堵塞。

汞、磷、砷、锑和铋等会使催化剂急性中毒,铅、锌、锡等会使催化剂慢性

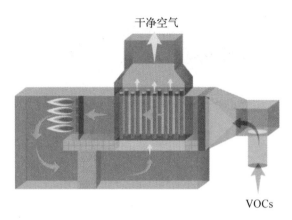

干净空气

VOCs

图 6-7 催化氧化器的工作原理

中毒。铜和铁在 540℃ 高温下会与催化剂铂发生反应生成合金,使活性受到影响。硫和卤素化合物会因吸附在一些催化剂表面,使催化剂表面的活性被"屏蔽"。

在一般使用状况下,催化剂每 1~3 年须更换或再生,以维持其处理功能。

6.3.3 冷凝法

冷凝法是利用废气成分中凝结温度的不同而将较易冷凝的成分分离出来。冷凝作用有两种方式:(1) 在定压下,降低系统的温度;(2) 在定温下,增加系统的压力。其中,由于加压所需设备较多且操作成本较贵,一般都使用降温方式以达到冷凝的目的。

在许多工业场合可以见到以冷凝器作为气态污染物控制与削减的设备。其应用范围十分广泛,最常见的就是应用于气态高沸点溶剂的回收,具有设备简单、操作容易、浓缩回收率高等优点,但应考虑冷凝后的液体存在二次水污染处理的问题。

VOCs 通过冷凝法降低浓度的极限是冷凝温度下的饱和蒸汽压所对应的浓度。

VOCs 的饱和蒸汽压可以按照安托万(Antoine)方程计算。

$$\lg p = A - \frac{B}{T + C}$$

式中,p 为饱和蒸汽压,mmHg;T 为饱和蒸汽温度,℃;A、B、C 为安托万系数,可从《化合物性质手册(1999 年版)》、《兰氏化学手册(1956 年版)》和《碳氢化合物工艺过程》中查取。

对应饱和蒸汽压的 VOCs 浓度可以按下式计算。

$$c = \frac{pM \times 1\,000}{(T + 273.15) \times R}$$

式中,c 为 VOCs 浓度,g/m³;R 为理想气体常数,62.364 L·mmHg/(mol·k);M 为 VOCs 的相对分子质量,g/mol。

以甲苯为例,冷凝法可以达到的净化效果如表 6-5 所示,甲苯的分子式为 C_7H_8,相对分子质量为 92,安托万系数 $A = 6.954\,64$、$B = 1\,344.800$、$C = 219.482$。

表 6-5　冷凝净化效果分析

温度 T/℃	20	4	-5	-53
饱和蒸汽压 p/Pa	2 910.4	1 153.2	644.8	10.0
浓度 c/(mg/m³)	109.7×10³	46.0×10³	26.6×10³	0.5×10³

由表 6-5 可知,用冷凝法处理出口的 VOCs 往往很难达到较低的排放限值,所以在实际工程应用中,需要与其他方法结合使用。

对确定的 VOCs,冷凝效果取决于冷凝温度。通过气-水换热获得冷却水的温度约为 25℃,这个温度随季节而变化;采用制冷机可以获得更低的温度。

通过制冷可将冷凝温度降至 0℃ 以下,利用氮气或二氧化碳汽化的深冷系统,可将冷凝温度降至 VOCs 的冰点,最低可达-70~200℃。

较常见的冷凝设备是表冷器,也就是管壳式换热器。冷却介质流经管程,VOCs 流经壳程,与管子低温表面接触,发生液化并得到收集。

6.3.4　末端治理技术要求

(1)蓄热式热氧化炉、催化氧化器的处理效率不小于 95%;实际运行装置应达到排放标准的要求。

（2）活性炭吸附冷凝回收系统再生过程的排气应该循环处理，不能直接排放；设备的处理效率应该保持在 90% 以上；运行装置应该达到排放标准的要求。

（3）无论是集中收集处理还是分批分质处理，都必须考虑符合安全和消防的要求。

（4）末端控制技术应该实现自动化控制。

（5）如果含有卤素的气态污染物的排放速率高于 0.45 kg/h，则污染控制设施的最低处理效率不得低于 90%。

6.4　印刷业 VOCs 末端治理运行控制管理要求

2019 年，上海市生态环境局颁布了《挥发性有机物治理设施运行管理技术规范（试行）》（以下简称《技术规范》）。该规范明确了上海市在挥发性有机物（VOCs）治理设施运行管理方面的具体要求。作为该领域较为早期的技术规范之一，《技术规范》展现了上海市生态环境局对 VOCs 治理工作的深入洞察和前瞻思维，也对其他省市起到了引领作用。

6.4.1　《技术规范》的解读

在《技术规范》中提到 VOCs 的治理设施应符合《排污许可证申请与核发技术规范 总则》（HJ 942—2018）中规定的运行管理要求。对于有组织排放，要求包括确保废气污染治理设施须依照国家和地区规范设计，并与生产设施同步运作；在治理设施因事故或维修需停运时，必须立即通知当地环保部门；治理设施应在设计条件下运行，定期对设备、电气、自控仪表及构筑物进行检查和维护，以确保其可靠性；废气排放须符合国家和地方排放标准。对于无组织排放，运行管理应遵循相应的排放标准。《技术规范》则在此基础上，提出了更加精细化的管理要求，这些规范不仅涉及设施的日常运行，还包括对环境影响的全面考虑，确保在降低 VOCs 排放的同时，不会对环境造成新的负担。

专业化运维是这一系列规范中的核心内容。通过指定专业人员或第三方企业来管理 VOCs 治理设施,可以确保操作人员具备适当的技术知识和经验,从而提高设施运行的效率和安全性。这种管理方式可以及时发现潜在问题、快速响应紧急情况,以及确保设施按照设计参数稳定运行。

管理制度的建立是确保 VOCs 治理设施长期有效运行的关键。管理者必须制定一套全面的操作程序和管理政策,这些政策需要涵盖所有与设施运行相关的方面,包括但不限于设备的日常检查、维护、操作记录和绩效评估。此外,管理政策还应包括对员工的持续培训,确保他们了解最新的环保法规、安全操作程序和应急响应措施。

《技术规范》也对设施的标识和标记提出了要求。清晰的设备标识和操作指示不仅有助于防止操作错误,还能在紧急情况下指导人员快速做出反应。这些标识还可以帮助维护人员更有效地进行检查和维修工作,减少因误操作造成的事故。

安全运行是 VOCs 治理的另一个重要方面。《技术规范》中明确了避免事故和二次污染的必要性,这要求设施不仅要能够控制 VOCs 的排放,还要能够管理和处理运行过程中产生的其他污染物。这意味着,设施运营商需要严格监控废气、废水、废渣的处理,以及控制噪声和振动,确保所有排放都在法规、标准允许的范围之内。

此外,《技术规范》还提出了培训和宣传机制的建立。专业培训不仅能够提高工人的操作技能,更重要的是能够增强他们对环境保护的意识和责任感。通过向所有相关人员宣传源头减排的概念,可以鼓励更多的环保措施从设计和采购阶段就开始被采取,从而在整个生产链中减少 VOCs 的生成和排放。

总之,《技术规范》的实施不仅有助于直接降低 VOCs 的排放,还能够提高环保意识,提高整个社会对于环境保护的认识度和参与度。通过这些综合措施,可以实现对 VOCs 污染的有效控制,保护环境。这些规范的制定体现了相关部门对环境保护的高度重视,以及对改善空气质量的坚定承诺。VOCs 是影响空气质量和人类健康的关键污染物,对其进行科学管理是当前环境治理工作的重中之重。

6.4.2 设备运维要求

（1）运行程序

《技术规范》中提到：VOCs 治理设施应在生产设施启动前开机；在生产设施运行全过程（包括启动、停车、维护等）保持正常工作状态；在生产设施停车后，将生产设施或自身存积的气态污染物全部进行净化处理后停机。VOCs 治理设施宜与生产设施同步运行。这些要求强调 VOCs 治理设施的运行必须与生产过程同步，即在生产开始之前启动，直到生产结束并且所有的污染物都经过处理后才能停机。这样做是为了防止任何生产阶段的VOCs 未经处理就直接释放到环境中。

（2）控制指标

《技术规范》中规定了 VOCs 治理设施正常运行的控制指标，其包括但不限于表 6-6 中所列，其中包括处理风量、排风设施的开口面积和捕集距离，以及热氧化炉的燃烧温度等，这些指标是为了量化和监控 VOCs 治理设施的性能，也可以很好地帮助管理者确认设施是否在最佳的设计条件下运行。

表 6-6　VOCs 治理设施的控制指标

设 备 和 设 施	控 制 指 标
VOCs 治理设施	处理风量
密闭排风设施	（即用）开口面积
局部排风设施	（即用）捕集距离
换热器/冷凝器	出口温度
吸附床（热脱附再生式）	（1）吸附周期 （2）脱附时间和温度
吸附床（真空脱附再生式）	（1）吸附周期 （2）脱附时间和压力
吸附床（更换式）	吸附介质更换周期
催化氧化器	催化（床）温度

续　表

设 备 和 设 施	控 制 指 标
热氧化炉	(炉膛)燃烧温度
洗涤器/吸收塔	喷淋液压力
变频控制排风机	电机频率

（3）巡视检查

《技术规范》要求管理者组织专门人员定期进行巡视检查,这些检查是为了护理检查设施的各个部分,确保它们处于良好的运行状态并且按照规定运行,以便发现和解决可能出现的问题。

VOCs 治理设施巡视检查的内容和相关说明见表 6－7。

表 6－7　VOCs 治理设施巡视检查的内容和相关说明

序号	设备和设施	巡视检查内容	相 关 说 明
1	生产设施	生产设施运行负荷,如排风量、温度、湿度等	生产负荷变大,VOCs 治理设施运行负荷增大
2	VOCs 治理设施	总用电量、总燃料消耗量、其他能源消耗量	用电量、燃料等能耗发生变化,指征 VOCs 治理设施运行负荷变化
3	密闭排风设施	设施周边气味状况	气味变大,密闭性变差
		设施开口面积	开口面积变大,捕集效果变差
		设施内外压差	压差变小,逸散变多
4	局部排风设施	散发源周边气味状况	气味变大,捕集效果变差
		设施与散发源的距离	距离变大,逸散变多
5	排风调节阀	开启位置	阀体位置不固定或无规则变动,处理风量波动大
6	应急排放/旁通阀	启闭状况	阀体全部开启或部分开启,VOCs 直接排放变多或有效处理风量变少(野风进入)

续　表

序号	设备和设施	巡视检查内容	相 关 说 明
7	颗粒过滤器	流程压差	流程压差变大,处理风量变少;流程压差变小,滤料短路或破损问题变严重
8	冷却器/冷凝器	出口温度	出口温度变高,冷却/冷凝效果变差 说明:a. 冷冻型冷凝器因换热器表面结霜和除霜,出口温度呈现规律性变化 b. 冷凝器出口温度可表征出口浓度。由于冷凝器出口浓度可能高达爆炸极限,便携式检测仪的探头会因静电成为火源,需谨慎进行现场实测
		冷却介质流量和压力	冷却介质流量变小、压力变小,冷却/冷凝效果变差
		出口温度与冷却介质进口温度的差值	差值变小,冷却/冷凝效果变差
		冷凝器的不凝性气体收集净化状况	收集净化状况变差,污染排放变多
		冷凝器的溶剂回收量	以月为周期统计,回收量变少,冷凝效果变差
		蒸发型冷却器的喷嘴雾化状况	喷嘴雾化状况变差,冷却效果变差
		开式冷却系统的冷却水混浊度	冷却水水质变混浊,冷却效果变差
9	吸附床	吸附温度和湿度	吸附温度变高、湿度变大,吸附效果变差
		吸附周期	吸附周期变长,吸附效果变差
		流程压差	流程压差变小,吸附床局部短路问题变严重;流程压差变大,吸附床局部堵塞问题变严重

续　表

序号	设备和设施	巡视检查内容	相 关 说 明
9	吸附床	脱附周期	脱附周期变短,脱附效果变差,吸附容量变少
		脱附尾气收集净化状况	收集净化状况变差,污染排放变多
		蒸汽压力和温度/真空度	蒸汽压力和温度变低,脱附效果变差,吸附容量变少; 真空度变低,脱附效果变差,吸附容量变少
		蒸汽冷凝液分离尾气收集净化状况	收集净化状况变差,污染排放变多
		溶剂水溶液分离后,水相的曝气尾气收集净化状况	尾气收集净化状况变差,污染排放变多
		溶剂回收量	以月为周期进行统计,回收量变少,吸附、冷凝、分离性能变差
		轮转/桶型吸附床转速	转速变低,吸附周期变长,吸附能力变差; 转速变高,吸附周期变短,脱附率变低,吸附容量变少
		热气体脱附温度和流程压差	脱附温度变低,脱附率变低,吸附容量变少; 轮转/转筒吸附器脱附温度变高,相邻吸附区受热,吸附容量变少; 脱附流程压差变低,脱附风量变小,脱附率变低,吸附容量变少
		更换式吸附介质更换日期、更换量	更换日期延后,吸附失效; 更换量小于设计填充量,实际吸附周期短于设计吸附周期
		吸附床内部积水、积尘状况	内部积水、积尘,吸附效果变差

序号	设备和设施	巡视检查内容	相关说明
9	吸附床	吸附床底座破损	底座破损,吸附介质流失,吸附周期变长,吸附效果变差
		吸附床装填高度/厚度	高度/厚度变小,吸附效果变差
10	催化氧化器	催化(床)温度	催化(床)温度变低,催化效果变差
		催化床温升	催化床温升变小,污染物进口浓度变低或催化活性变低
		催化床出口温度	催化床出口温度变高,催化剂在高温下易受损,应急排放阀可能开启
		催化床流程压差	流程压差变大,催化床局部堵塞问题变严重
11	热氧化炉	(炉膛)燃烧温度	燃烧温度变低,净化效果变差;燃烧温度变高,应急排放阀可能开启
		蓄热床流程压差	流程压差变大,蓄热床局部堵塞问题变严重
		两床式蓄热床切换尾气控制状况	控制状况变差,污染排放变多
12	洗涤器/吸收塔	喷嘴雾化和布水均匀性状况	雾化及布水均匀性变差,局部堵塞或水压不足问题变严重,净化效果变差
		循环液箱水位	水位波动幅度变大,净化效果变差
		洗涤液/吸收液压力	压力变低,洗涤液/吸收液流量变低,净化效果变差
		填料床流程压差	流程压差变大,填料局部堵塞问题变严重,净化效果变差

续　表

序号	设备和设施	巡视检查内容	相　关　说　明
12	洗涤器/吸收塔	pH	酸碱性控制类吸收塔,pH 变低或变高,化学反应条件变差,净化效果变差
		药剂添加周期和添加量	周期变长或添加量变少,化学反应条件变差,净化效果变差
		洗涤液/吸收液更换周期和更换量	周期变长或更换量变少,化学反应条件变差,净化效率变差
		氧化还原电位(ORP)值	氧化反应类吸收塔,ORP 值过低或过高,化学反应条件不佳,吸收净化率变低
		填料高度	填料高度变低,净化效果变差
13	排风机	风机转动方向	转向逆反,排风量变小
		风机振动	叶轮锈蚀、磨损、物料黏附等引起振动变大,风量风压变小
		皮带驱动型的皮带啸叫噪声	皮带啸叫,表明风量风压不足
14	排气筒	排气颜色、携带液滴和颗粒物状况	颜色变深、携带量变大,净化效果变差 热氧化类和催化氧化类设备排放携带的可见物变多,燃烧器异常或存在燃烧产物凝结物问题变严重,净化效果变差
		排气(下风向)气味	气味变大,净化效果变差
15	罩体/风管/设备	连接/密封处缝隙状况	缝隙变大,净化效果变差
		壳体变形	变形严重,处理风量变小

续　表

序号	设备和设施	巡视检查内容	相　关　说　明
15	罩体/风管/设备	壳体损坏、锈蚀	损坏、锈蚀多，散逸或野风大，净化效果变差； 活性炭蒸汽脱附凝结液、溶剂回收液、含酸根的燃烧产物均具有腐蚀性，对设备本体或下游管道、部件造成锈蚀，净化效果变差
		隔振/隔声材料变形、脱落	变形、脱落严重，防护性能缺失，净化效果变差
		绝热材料变形、脱落	变形、脱落严重，保温防护性能缺失，净化效果变差

　　《技术规范》提供了一套综合的用于确保 VOCs 治理设施有效运行和维护的方案。它强调通过感官观察、现场仪器监测和实验室分析等多种手段进行定期且系统的巡视检查，以确保设施正常运作并及时发现潜在问题。这些巡视检查不仅包括对设备外观和运行状况的直接观察，还涉及对关键运行参数和污染物浓度的精确测量，以符合国家和行业的监管要求。

　　同时，《技术规范》要求设施管理者需要根据检查结果，对设施的运行状况进行评估，并据此进行必要的维护和保养，以防止任何故障产生或性能下降。这些维护保养活动应根据设备的实际使用情况和检查的评估结果来安排，并在设施停机时执行，以减少对正常运行的影响。这样的综合管理和维护策略有助于长期提升 VOCs 的治理效率，确保设施运行的环境合规性，同时也延长了设备的使用寿命。

6.4.3　故障处理

　　根据《技术规范》，控制指标是确保设施正常运作的关键参数。如果这些控制指标在 1 h 以内的平均值超出了正常工作的预定限值，这个时间段被定义为一个故障小时。这是一种预警机制，用于及时识别设备性能出现的任何异常。当累计故障小时数达到 12 h 时，即表明设施已经连续较长时间处于不正常运行状态,这时就需要立即执行停机程序。这项措施的目的是防止可能的环境污染和设备损坏,同时也确保了工作人员的安全。

在设施发生故障时,《技术规范》要求相关的故障报警信息必须迅速传达给负责人员,同时在现场和远程控制系统上都应该有明显的故障指示,确保所有相关人员都能够意识到故障的存在。这样的通知和标记机制是为了加快响应速度和提高故障处理效率,减少设备故障对环境和生产的影响。

在设施发生故障后,《技术规范》指出必须尽快进行检修。在问题被识别和修复之前,设施不应重新投入运行。这是为了确保设施在恢复运行时,能够安全有效地控制 VOCs 排放,保护环境,维护设备。简而言之,这一系列规定旨在通过严格的监控和及时的故障处理来维护 VOCs 治理设施的高效运行,防止环境污染,并确保设施的长期稳定运行。

6.4.4　记录与报告

《技术规范》中要求保存关于 VOCs 治理设施的运行程序实施信息、控制指标运行数据、巡视检查记录、维护保养台账和故障处理资料。这些记录的保存旨在保证 VOCs 治理设施运行信息的透明度和可追溯性,同时为设施的运行效率和合规性提供文档支持。保存这些资料的目的是在需要时能够回溯审查设施的操作历史,对照检查设施的维护和性能问题,并用于环境影响评估。

此外,所有保存的记录必须符合《排污单位环境管理台账及排污许可证执行报告技术规范 总则(试行)》(HJ 944—2018)第 4 条的要求,以及所属行业排污许可证申请及核发技术规范中规定的环境管理台账要求。所有记录必须达到标准的要求,包括但不限于记录的格式、保存的时间以及信息的详尽程度。

《技术规范》还提到 VOCs 治理设施的故障等关键信息需要按照法律法规以及与生态环境保护相关的要求进行报告。这个报告流程确保了当 VOCs 治理设施出现问题时,相关的环境监管机构能够及时收到通知,以便采取相应的措施来保护环境和公共安全。

第7章　印刷业 VOCs 控制减排案例

7.1　典型企业 VOCs 管控情况

7.1.1　印刷企业案例数据统计

根据企业的特性,本章挑选了 10 家典型的印刷企业,包括药物包装企业、书刊印刷企业、食品包装印刷企业、票据印刷企业、烟草包装印刷企业等。企业类型包括国有企业、外资企业和私营企业。企业年产值从几百万元到数亿元不等。采用的印刷方式包括单张纸胶印、轮转胶印、丝网印刷、柔性版印刷、凹版印刷以及数码印刷等。企业废气的收集方式包括车间密闭加集气罩收集、局部排风收集以及整体排风收集等;采用的末端治理措施包括使用更换式活性炭、水洗、蓄热燃烧、吸附脱附+催化燃烧等主流工艺。

这 10 家企业在地理位置、企业规模、生产类型、技术水平以及管理模式等方面均有所不同,反映了印刷行业的多样性。选取这些案例,目的是对这些企业从与 VOCs 管控相关的各个维度进行统计分析,以便更全面地理解和衡量其 VOCs 管控水平,包括 VOCs 排放浓度、VOCs 排放量、VOCs 治理设施以及 VOCs 治理设施运行费用等。这些数据有助于相似企业解决在标准实施过程中所碰到的问题,以及为企业改善自身 VOCs 处置及管控能力提供参考。

7.1.2　VOCs 排放浓度

通过统计梳理 10 家印刷企业 VOCs 治理设施的进出口浓度,得到出口浓度最低为 3.16 mg/m³、最高为 30.8 mg/m³,按照上海市《印刷业大气污染物排放标准》中的排放浓度限值(50 mg/m³),这些企业的排放浓度都远低于标准限值要求,都能达标排放,具体的 VOCs 排放浓度见表 7-1。

表 7-1　印刷企业 VOCs 排放浓度

序号	企业名称	进口浓度/(mg/m³)	出口浓度/(mg/m³)
1	印刷企业 A	18.75	8.5
2	印刷企业 B	24.5	10.9
3	印刷企业 C	—	1.6
4	印刷企业 D	—	—
5	印刷企业 E	16.6	5.4
6	印刷企业 F	139	27.4
7	印刷企业 G	—	3.16
8	印刷企业 H	302	13.3
		14.2	3.54
9	印刷企业 I	361	21.9
		196	30.8
10	印刷企业 J	21.66	5.21
		13.21	4.57

7.1.3　VOCs 排放量

由于印刷企业生产工艺、生产负荷、生产产品的不同,对应所需的原辅材料本身就有差异,工艺过程中的捕集以及末端治理设施的效果也不同,多方面原因导致 VOCs 排放量不同。印刷企业 VOCs 排放量最低为 0.1 t/a、最高为 20.5 t/a,具体的 VOCs 排放量见表 7-2。

表 7-2 印刷企业 VOCs 排放量

序号	企业名称	VOCs 排放量 /(t/a)	序号	企业名称	VOCs 排放量 /(t/a)
1	印刷企业 A	0.87	6	印刷企业 F	2.76
2	印刷企业 B	10.02	7	印刷企业 G	20.5
3	印刷企业 C	0.1	8	印刷企业 H	10.07
4	印刷企业 D	0.21	9	印刷企业 I	—
5	印刷企业 E	0.26	10	印刷企业 J	1.62

7.1.4 VOCs 治理设施

印刷企业根据其不同的生产工艺、VOCs 排放量和排放浓度等现场情况,采用了有针对性的 VOCs 治理设施及工艺。大部分印刷企业使用活性炭治理设施,有部分企业采用相对先进的燃烧工艺,有部分企业采用循环利用的冷凝回收工艺。具体的 VOCs 治理设施见表 7-3。

表 7-3 印刷企业 VOCs 治理设施

序号	企业名称	VOCs 治理设施
1	印刷企业 A	活性炭
2	印刷企业 B	吸脱附+冷凝回收
3	印刷企业 C	活性炭
4	印刷企业 D	活性炭
5	印刷企业 E	活性炭
6	印刷企业 F	活性炭
7	印刷企业 G	光解/燃烧
8	印刷企业 H	活性炭/燃烧

序号	企业名称	VOCs 治理设施
9	印刷企业 I	燃烧
10	印刷企业 J	水喷淋+光解

7.1.5　VOCs 治理设施运行费用

印刷企业 VOCs 治理设施根据不同的原理、不同的 VOCs 排放量和不同的 VOCs 排放浓度等,所使用的吸附材料材质、更换周期和数量不同,导致运维的费用有差异,最高的为 112 万元/年,最低的为 2 万元/年。具体的 VOCs 排放量、治理设施及运行费用见表 7-4。

表 7-4　印刷企业 VOCs 排放量、治理设施及运行费用

序号	企业名称	VOCs 排放量/(t/a)	VOCs 治理设施	VOCs 治理设施运行费用/(万元/年)
1	印刷企业 A	0.87	活性炭	112
2	印刷企业 B	10.02	吸脱附+冷凝回收	60
3	印刷企业 C	0.1	活性炭	15
4	印刷企业 D	0.21	活性炭	5.53
5	印刷企业 E	0.26	活性炭	2
6	印刷企业 F	2.76	活性炭	12.96
7	印刷企业 G	20.5	光解/燃烧	1.39
8	印刷企业 H	10.07	活性炭/燃烧	77.5
9	印刷企业 I	—	燃烧	—
10	印刷企业 J	1.62	水喷淋+光解	12

7.2 典型减排方案

7.2.1 有机废气处理技术

根据企业调研,仅有少数的包装印刷企业对产生的有机废气进行了净化,一般都是将有机废气通风排放,在采用强制通风的情况下,使排放浓度达标,未采取其他措施。根据目前包装印刷企业所使用的设备类型分析,很多中型和大型包装印刷企业使用德国和日本的先进印刷机,印刷速度快。在原材料相似的前提下,这些企业通过无组织散逸排放废气时,印刷产量越大,排放的 VOCs 量也越大。目前常用的 VOCs 处理方式为冷凝法、燃烧法、吸附法等。

7.2.2 VOCs 管控的基本要求

油墨、黏合剂、稀释剂、清洗剂等应密闭储存。

应密闭捕集印刷、涂布工序溶剂挥发分并加以净化处理,VOCs 收集和净化率应达到 90%。

干复、烘干、排风环节宜逐段"套用"减少废气处理量;净化后排风应回用,实现"零排放"。

7.2.3 原辅材料替代

平版胶印由于使用植物油油墨,因此其 VOCs 排放量较小,但是其使用过程中使用大量的洗车水和润版液,这是造成 VOCs 排放的重要原因。

某企业洗车水由溶剂型洗车水替代为高沸点洗车水,异丙醇润版液替代为无醇润版液,每年 VOCs 排放量由 30.3 t 减排至 10.3 t,综合环境效益和经济效益显著。

7.2.4 干式复合废气

干式复合废气可采用再生式固定床颗粒活性炭吸附装置进行溶剂回收净化处理,回收的溶剂直接回用,可获得较显著的经济效益。某彩印厂干式复合(溶剂成分以乙酸乙酯为主)排风采用再生式固定床颗粒活性炭吸附装置(氮气脱附再生型)回收溶剂(图 7-1),溶剂回用率大于 90%,非甲烷总烃排放浓度达 40 mg/m³。

图 7-1　某彩印厂干式复合废气溶剂回收工艺

7.2.5　轮转胶印废气

　　某杂志印刷厂轮转胶印废气采用蓄热式热氧化炉进行净化处理,如图 7-2 所示,VOCs 净化效率达到 95% 以上,VOCs 排放浓度低于 20 mg/m³。

图 7-2　某杂志印刷厂蓄热式热氧化炉的应用

7.2.6 凹印废气

凹印(采用低沸点溶剂如醇、酯等)排风应采用活性炭吸附氮气脱附溶剂冷凝回收的方法,或采用沸石轮转或活性炭吸附浓缩溶剂冷凝回收的方法净化处理,VOCs 净化效率可达 98%,VOCs 排放浓度不大于 40 mg/m³,综合利用回收的溶剂,可取得较好的经济效益,见图 7 - 3。

图 7 - 3　某软包装凹印废气回收工艺

7.3　全过程控制案例研究

7.3.1　案例 1

1. 项目概况

某印刷企业始建于 1994 年,占地面积 6 万余平方米,承接各种包装装潢印刷业务。该企业的主要建筑包括三个主要印刷车间、仓库、危废品库、技术中心等。VOCs 主要来源于印刷车间的印刷作业、印刷油墨及其他原辅材料的储存、危险品的堆放以及设备清洗等环节。整体印刷作业分为三个阶段,分别为印前作业、印刷作业和印后作业,主要印刷工艺为凹印,也有少量胶印,以适应不同产品的需求。该企业的生产内容主要由三部分构成:卷烟商标及社会产品的凹印(位于印刷车间)、各产品的印刷小试(位于小试工场)、各成品的性能检测(位于技术中心)。

2. 工艺流程

印刷生产所需原辅材料主要包括印刷所需的各种纸张、油墨、上光油、溶剂等。凹印的工艺流程及产污节点见图 7－4。技术中心可能会使用油墨、溶剂等,产生含 VOCs 的废气。

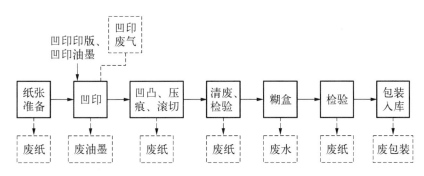

图 7－4　凹印的工艺流程及产污节点

（1）印刷车间

凹印工艺流程说明如下。

① 纸张准备:根据产品的承印纸张的品牌、规格、数量要求,将从仓库领出的纸张按幅面要求用切纸机裁切修边,并在与印刷加工相同的生产工况下存放一段时间,以减少或消除纸张在不同工况下的伸缩变形,保证印品的质量。纸张准备过程会产生废纸。

② 凹印:凹版滚筒的一部分浸没在油墨槽里并转动时,整个印版表面会沾满油墨,随后用刮片刮去空白部分上的全部油墨和图文部分多余的油墨,保留图文部分网穴里的油墨,然后再由压印机将图文部分网穴里的油墨转印到承印物表面。印刷过程会产生凹印废气及废油墨。凹印油墨的调配直接在设备的油墨桶中进行,凹印印版直接由厂家提供及回收。

③ 凹凸、压痕、滚切:把印刷产品根据设计要求在表面压出凹凸及易于包装的压痕,同时按设计的图文形状压切的工艺过程,是纸制品包装的重要组成部分,同时联机清除不需要的边角料,产生废纸。

④ 清废、检验:人工清除不需要的边角料,并按需要整理成相应的形状进入人工检验工序,产生的废料及不合格品为废纸。

⑤ 糊盒:通过机器或手工糊盒的方法将产品某些部分黏合形成所需的

形状。本工序所使用的胶水,不含挥发成分,糊盒工艺不产生废气。应定期清洗糊盒机滚轴上的胶水,该过程产生清洗废水。

⑥ 检验:上述成品需进行检验,不合格品变为废纸。

⑦ 包装入库:检验合格后产品装箱入库,该过程产生废包装材料。

（2）小试工场

小试工场主要是对产品进行小规模的印刷生产,以检测是否满足客户需求,该过程产生小试废气。其中包含的一道烫金工序是通过印刷压力把电化铝箔烫印到承印物上的一种工艺过程,该工序产生少量废薄膜。小试工场的工艺流程及产污节点见图 7-5。

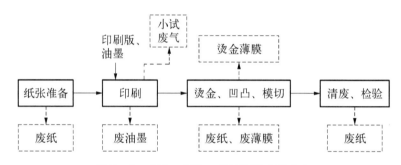

图 7-5　小试工场的工艺流程及产污节点

（3）技术中心

技术中心主要对厂区生产的成品进行抽样检测。通过使用化学试剂对产品进行前处理,进而分析其性能,主要包括 VOCs 检测、油墨检测等,检测过程会产生检测废气和检测固废,见图 7-6。技术中心室内及检测后器具的清洗会产生检测废水。

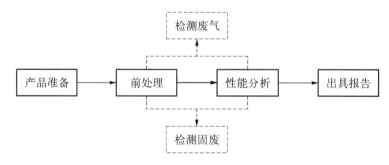

图 7-6　技术中心工艺流程及产污节点

（4）日常维护及危险废弃物处置

企业日常运行过程中更换油墨及日常维护需进行设备清洗,清洗过程使用清洗剂(包括手动清洗间及自动清洗间)。该过程产生的清洗废气、废溶剂,油墨、稀释剂、清洗剂、机油等化学品更换产生的废包装桶,设备日常维护及管理产生的废机油、含油墨抹布等为危险废弃物。这些危险废弃物在厂区北侧仓库暂存后,委托相关单位处置,清运、暂存过程中,全程加盖密闭。部分危险废弃物存于吨袋中,并使用塑料膜缠绕包裹,从而最大程度减少挥发性有机物的无组织排放。

3. 控制方案

企业产生的凹印废气、小试废气、检测废气、清洗废气等挥发性有机物污染物(包括非甲烷总烃、苯、甲苯、二甲苯、乙酸酯类、异丙醇、乙腈、甲醇、乙酸乙酯、乙酸丁酯、臭气等)排放应参照上海市地方标准《印刷业大气污染物排放标准》(DB 31/872—2015)、《大气污染物综合排放标准》(DB 31/933—2015)以及《恶臭(异味)污染物排放标准》(DB 31/1025—2016)。上海市地方标准相关挥发性有机物排放限值见表 7-5。

表 7-5 上海市地方标准相关挥发性有机物排放限值

污染因子	最高允许排放浓度/(mg/m^3)	最高允许排放速率/(kg/h)	厂界监控浓度限值/(mg/m^3)	排放高度/m	标准来源
非甲烷总烃	50	1.5[a]	4.0	15	《印刷业大气污染物排放标准》(DB 31/872—2015)
苯	1	0.03	0.1	15	
甲苯	3	0.1	0.2	15	
二甲苯	12	0.4	0.2	15	
乙酸酯类	50	1.0	—	15	《大气污染物综合排放标准》(DB 31/933—2015)
异丙醇	80	—	—	15	
乙腈[b]	20	2.0	0.6	15	
甲醇	50	3.0	1.0	15	

续　表

污染因子	最高允许排放浓度 /(mg/m³)	最高允许排放速率 /(kg/h)	厂界监控浓度限值 /(mg/m³)	排放高度 /m	标准来源
乙酸乙酯	50	1.0	1.0	15	《恶臭（异味）污染物排放标准》（DB 31/1025—2016）
乙酸丁酯	50	0.9ᶜ	0.4ᶜ	15	
臭气	1 000（无量纲）		10（无量纲）	15	

a. 当非甲烷总烃（NMHC）的去除效率不低于 90% 时，等同于满足最高允许排放速率限值要求。
b. 待国家污染物监测方法标准发布后实施。
c. 国家分析方法标准发布后执行。

（1）源头替代

企业主要的原辅材料来源于印刷车间，包括凹印油墨、上光油、乙酸乙酯、乙酸丙酯、乙醇及丙二醇甲醚等，年使用量为 2 500~3 000 t，占全厂使用的原辅材料的 98% 以上。小试工场使用胶印油墨、凹印油墨、润版液、洗车水及各类溶剂，年使用量为 3~5 t。

印刷企业所使用的油墨种类繁多，表 7－6 为从 MSDS 中摘录的具有代表性的主要原辅材料的理化性质及组分。由表 7－6 可知企业所使用的油墨基本为溶剂型油墨，含量较多的溶剂为乙酸乙酯、异丙醇、乙醇等，少数油墨溶剂的含量相对较少，如防伪油墨。企业所使用的上光油为水性原辅材料。

表 7－6　主要原辅材料的理化性质及组分

原辅材料	理化性质	组　分	含量/%
A 系列醇溶凹印油墨	闪点：无数据 沸点：无数据	合成树脂	1~10
		无水乙醇	30~40
		丙二醇甲醚	2~10
		乙酸乙酯	25~35
		颜料	10~20
		硝化纤维素	10~20

续　表

原辅材料	理 化 性 质	组　　分	含量/%
B 系列溶剂型油墨	闪点：21℃以下 沸点：大于 35℃	乙酸乙酯	0~3
		乙酸丙酯	0~30
		乙醇	0~40
		乙酰柠檬酸三丁酯	0~5
		硝化纤维素	0~15
		醇醚类	0~5
C 系列水性上光油	闪点：100℃以上 沸点：101℃	水性树脂	25~35
		丙烯酸乳液树脂	25~35
		水	35~40
		助剂	5~10
D 系列溶剂型油墨	闪点：132℃以上 沸点：无数据	乙醇	10~20
		乙酸乙酯	10~30
		异丙醇	0~5
		乙酸丙酯	5~20
		硝化棉溶液	0~60
E 系列油墨	闪点：-4℃（根据乙酸乙酯的闪点推测） 沸点：无数据	颜料	5~20
		合成树脂	10~20
		乙酸乙酯	30~40
		异丙醇	30~40
		丙二醇甲醚	5~10
		助剂	1~5

通过对 MSDS 进行分析,可知企业目前使用的油墨为溶剂型油墨,企业印刷工艺受产品技术要求限制,尚难以改变凹印主要采用溶剂型油墨的现状。但很多印刷企业也在努力拓展市场,增加相关产品的开发和业务承接,用 VOCs 排放量低或无 VOCs 排放的产品替代 VOCs 排放量大的产品,在工艺及产品要求允许的情况下,逐步降低溶剂型油墨的耗用占比。

企业使用的上光油已被替代为水性上光油,主要成分包括水性树脂（25%~35%）、丙烯酸乳液树脂（25%~35%）、水（35%~40%）、助剂（5%~10%）,其主要的 VOCs 排放来源于助剂。水性上光油以水作为分散介质,在印刷过程中可用水稀释,挥发性较低,且流平性能好,清洗设备也可以使用清水,大大降低了挥发性有机物的排放。但是水作为水性上光油的溶剂也有不足之处,如干燥速度较慢,容易造成产品尺寸不稳定等工艺故障,因此,企业在使用过程中会适当添加一些乙醇,以提高水性溶剂的干燥性能,改善水性上光油的加工适性。水性上光油所能达到的技术性能使其可以完全取代溶剂型上光油,但是溶剂型上光油生产历史较长,技术已很成熟,产品价格较低,使用水性上光油会增加产品的印刷成本。

（2）过程控制

印刷车间的凹印废气通过上方集气罩收集后,通入蓄热式热氧化炉或蓄热式燃烧装置处理。小试工场和技术中心的废气是通过集气装置收集后,使用活性炭吸附装置处理,最终分别通过不同的排气筒排出。清洗废气被收集后经过活性炭吸附浓缩+热风脱附+催化燃烧装置处理后排放。

凹印机设有多个色位,每个色位使用不同的原辅材料及溶剂,单个色位具有独立的排风,如 A 号 7 色凹印机共有 7 个色位,每个色位对应一个排风管,其中 1 号、2 号、3 号色位的排风管并成一根排放管,4 号、5 号、6 号、7 号色位的排风管并为一根排放管,最后,两根排放管再并为一根总凹印排放管后,并入末端处理装置的总进口。其他凹印机也采用类似的方式排风。企业目前所有凹印机均采用局部密闭措施,使凹印机整体位于相对密闭的隔间中,并且进出口设有自动门,确保门的常关。车间内设有环境给排风系统,房间整体呈微负压,在所有门关闭时密封效果良好,但在大件物料进出时会有少部分 VOCs 逸散,企业从整体规划上解决了大部分 VOCs 无组织逸散问题。

印刷车间、小试工场及技术中心废气排放控制流程图见图 7-7。

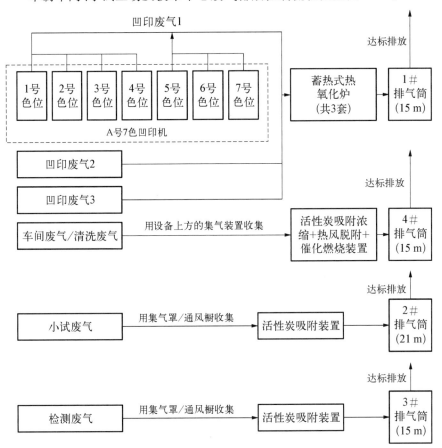

图 7-7　印刷车间、小试工场及技术中心废气排放控制流程图

（3）末端治理

企业对全部废气均进行了有效的处理,全场具体废气的末端治理情况如下。

① 印刷车间

凹印废气经设备上方的集气罩收集后分别通过 3 套蓄热式热氧化炉装置,根据蓄热式热氧化炉处理工艺的设计方案,有机废气由送风机进入第一组蓄热室,由辅助天然气燃烧机预热到 750℃ 左右,处理后尾气于 1#排气筒

（15 m）排放。

车间环境排风经活性炭吸附浓缩+热风脱附+催化燃烧装置处理后，由4#排气筒（15 m）于车间楼顶排放。

清洗废气经设备上方的集气装置收集后汇入活性炭吸附浓缩+热风脱附+催化燃烧装置处理，尾气于 4#排气筒（15 m）排放。

② 小试工场

小试废气经集气罩/通风橱收集后，经过活性炭吸附装置处理，尾气于2#排气筒（21 m）排放。

③ 技术中心

检测废气经集气罩/通风橱收集后，经过活性炭吸附装置处理，尾气于3#排气筒（15 m）排放。

4. 效果评估

（1）凹印机捕集效率评估

结合企业的实际生产情况，分别选取各印刷车间的后四个色位排风，以及后四个色位对应的总排放口进行非甲烷总烃的检测。

实地末端排放尾气的检测方式参照美国国家环境保护局颁布的方法25中的挥发性有机物检测方法，使用的仪器为便携式氢火焰离子化检测器（FID）（德国 J.U.M.公司的 3－900 与 109A 便携式 FID）。在方法 25 中，用J.U.M.公司的仪器测得的挥发性有机物，描述为非甲烷总烃，与国家标准（HJ 38—2017）中的方法所测得的非甲烷总烃间有一定的差别，差别具体表现为：方法 25 与 HJ 38—2017 中的方法所测得的 VOCs 结果在数值上存在差别，因为两种方法对于特定污染物的响应度不相同，部分污染物，如乙酸乙酯类的便携式 FID 的检测结果大于 HJ 38—2017 中气相色谱法的检测结果，所以导致实际检测结果中，方法 25 在数值上较 HJ 38—2017 中的方法的略大；采用方法 25 可以对末端排放口进行一段时间的检测，并且可以获取此段时间内 VOCs 排放浓度的变化曲线，而采用 HJ 38—2017 中的方法获取的数据为 3~5 min 时间内的平均数值，不利于精确判断工况与浓度变化情况；采用方法 25 可以在现场直接读取数据，而采用 HJ 38—2017 中的方法则需用气袋取样，带回分析实验室进行分析后，方可获得 VOCs 浓度数据。

测试中使用方法 25 对车间排放进行检测,但检测结果不作为判断是否达标的依据。

A 车间三台凹印机的检测结果均非常相似,在各色位排风处浓度约为 550 mg/m³,在各色位对应的汇总排风处浓度达到 650 mg/m³,部分排放浓度比理论计算浓度高,这可能是因为检测时环境中的非甲烷总烃浓度比理论计算浓度高,从而使排风处浓度比理论计算浓度高,也可能是检测时间段内溶剂浓度比平均浓度高,或是统计时出现偏差,这些情况均有可能造成理论计算浓度比实测浓度低。

根据理论计算浓度、实测浓度,以及仪器对原辅材料 VOCs 的响应系数,可粗略估算车间对 VOCs 排放的捕集效率,计算公式如下。

$$捕集效率 = \frac{实测浓度}{理论计算浓度 \times 仪器对原辅材料\ VOCs\ 的响应系数} \times 100\%$$

$$(7-1)$$

仪器对原辅材料 VOCs 的响应系数则采用实验室中对油墨进行失重法实验以及 FID 实验的数据,数值大小为 0.354~0.552。以下捕集效率的估算中仪器对原辅材料 VOCs 的响应系数采用 0.552。色位排风捕集效率的最终计算结果分别为 A 凹印机是 71.56%,B 凹印机是 98.9%,C 凹印机是 87.2%。

由于我国暂未发布标准的捕集效率的测算方法,且 VOCs 的测试受到工序、材料等因素波动的影响较大,本测算结果仅作参考。

B 凹印机的现场检测及理论计算见表 7-7。

(2) VOCs 去除量评估

企业生产车间为密闭空间,在主要污染源设备上方安装集气罩,考虑到大门偶尔开启和门窗可能不密闭等因素,整体废气收集效率按 70% 计(按照企业环境影响评价报告测算),蓄热式热氧化炉去除效率按 90% 计(按照企业环境影响评价报告测算),活性炭净化效率按 50% 计,则企业的年非甲烷总烃排放量为 712.3 t,其中有组织排放量为 175.0 t,无组织排放量为 537.3 t,削减量约为 1 078.7 t,削减率为 60.2%,见表 7-8。

表 7-7　B 凹印机的现场检测及理论计算

色位	4 号		5 号		6 号		7 号	
使用的原辅材料	黑色油墨	乙酸丙酯	蓝色油墨	乙酸丙酯	防伪油墨	乙酸丙酯	上光油	乙醇、水
原辅材料使用量/kg	18	2	18	1.5	18	1.5	25	12
使用时间/h	12	1	12	1	12	1	1.5	1.5
VOCs 的质量百分比	60.00%	100%	60.00%	100%	55.30%	100%	3.00%	51%
单位时间 VOCs 的产生速率/(kg/h)	2.9		2.4		2.3		4.6	
分管管径	30 cm×25 cm		30 cm×25 cm		30 cm×25 cm		30 cm×25 cm	
分管风量/(m³/h)	2 217		2 527		2 668		2 633	
理论分管排放浓度/(mg/m³)	1 308.1		949.7		873.1		1 739.5	
实测浓度/(mg/m³)	563.85		562.19		562.42		562.3	
总管管径	50 cm×70 cm							
总管风量/(m³/h)	10 319							
理论总管排放浓度/(mg/m³)	1 183.2							
理论排放速率/(kg/h)	12.2							
实测浓度/(mg/m³)	644.3							
实测排放速率/(kg/h)	6.6							

表 7-8　企业挥发性有机物排放量理论计算统计表
（按照企业环境影响评价报告测算）

废气种类	评价因子	总产生量/(t/a)	收集措施	收集效率/%	处理设施	处理效率/%	有组织排放量/(t/a)	无组织排放量/(t/a)	排放总量/(t/a)
凹印废气	非甲烷总烃	1 614	集气罩、车间密闭	70	蓄热式热氧化炉	90	113.0	484.2	597.2
	乙酸酯类	529					37.0	158.7	195.7
	乙酸乙酯	345					24.2	103.5	127.7
	异丙醇	90					6.3	27.0	33.3
清洗废气	非甲烷总烃	174	集气罩	70	活性炭吸附装置	50	60.9	52.2	113.1
	乙酸酯类	117					41.0	35.1	76.1
	乙酸乙酯	18					6.3	5.4	11.7
	异丙醇	5					1.8	1.5	3.3
小试废气	非甲烷总烃	2.2	集气罩	70	活性炭吸附装置	50	0.8	0.7	1.5
	乙酸酯类	1.6					0.6	0.5	1.1
	乙酸乙酯	0.02					0.0	0.0	0.0
	异丙醇	0.01					0.0	0.0	0.0
检测废气	非甲烷总烃	0.83	集气罩	70	活性炭吸附装置	50	0.3	0.2	0.5
	乙酸酯类	0.46					0.2	0.1	0.3
	乙酸乙酯	0.43					0.2	0.1	0.3
	异丙醇	0.01					0.0	0.0	0.0
	乙腈	0.2					0.1	0.1	0.2
	甲醇	0.006					0.0	0.0	0.0

续　表

废气种类	评价因子	总产生量/(t/a)	收集措施	收集效率/%	处理设施	处理效率/%	有组织排放量/(t/a)	无组织排放量/(t/a)	排放总量/(t/a)
合计	非甲烷总烃	1 791.03					175.0	537.3	712.3
	乙酸酯类	648.06					78.8	194.4	273.2
	乙酸乙酯	363.45	—	—	—	—	30.7	109.0	139.7
	异丙醇	95.02					8.1	28.5	36.6
	乙腈	0.2					0.1	0.1	0.2
	甲醇	0.006					0.0	0.0	0.0

　　根据《上海市工业企业挥发性有机物排放量通用计算方法（试行）》中关于工艺废气污染控制设施的捕集效率,VOCs 产生源在基本密闭作业（偶有部分敞开）,且配置负压排风的情况下,废气收集效率均按 75%计,蓄热式热氧化炉的实际运行去除效率通常可以达到 95%以上,按 95%计,活性炭净化效率仍按 50%计,则企业的年非甲烷总烃排放量为 574.7 t,其中有组织排放量为 126.9 t,无组织排放量为 447.8 t,削减量为 1 216.33 t,削减率为67.9%,企业实际运行非甲烷总烃排放总量较环境影响评价报告计算值下降 137.6 t,无组织排放量占总排放量的 78%,见表 7 - 9。

表 7 - 9　企业挥发性有机物实际排放量统计表

废气种类	评价因子	总产生量/(t/a)	收集措施	收集效率/%	处理设施	处理效率/%	有组织排放量/(t/a)	无组织排放量/(t/a)	排放总量/(t/a)
凹印废气	非甲烷总烃	1 614	集气罩、车间密闭	75	蓄热式热氧化炉	95	60.5	403.5	464.0
	乙酸酯类	529					19.8	132.3	152.1
	乙酸乙酯	345					12.9	86.3	99.2
	异丙醇	90					3.4	22.5	25.9

续 表

废气种类	评价因子	总产生量/(t/a)	收集措施	收集效率/%	处理设施	处理效率/%	有组织排放量/(t/a)	无组织排放量/(t/a)	排放总量/(t/a)
清洗废气	非甲烷总烃	174	集气罩	75	活性炭吸附装置	50	65.3	43.5	108.8
	乙酸酯类	117					43.9	29.3	73.2
	乙酸乙酯	18					6.8	4.5	11.3
	异丙醇	5					1.9	1.3	3.2
小试废气	非甲烷总烃	2.2	集气罩	75	活性炭吸附装置	50	0.8	0.6	1.4
	乙酸酯类	1.6					0.6	0.4	1.0
	乙酸乙酯	0.02					0.0	0.0	0.0
	异丙醇	0.01					0.0	0.0	0.0
检测废气	非甲烷总烃	0.83	集气罩	75	活性炭吸附装置	50	0.3	0.2	0.5
	乙酸酯类	0.46					0.2	0.1	0.3
	乙酸乙酯	0.43					0.2	0.1	0.3
	异丙醇	0.01					0.0	0.0	0.0
	乙腈	0.2					0.1	0.1	0.2
	甲醇	0.006					0.0	0.0	0.0
合计	非甲烷总烃	1 791.03	—	—	—	—	126.9	447.8	574.7
	乙酸酯类	648.06					64.5	162.1	226.6
	乙酸乙酯	363.45					19.9	90.9	110.8
	异丙醇	95.02					5.3	23.8	29.1
	乙腈	0.2					0.1	0.1	0.2
	甲醇	0.006					0.0	0.0	0.0

所以,在持续对挥发性有机物的削减方面,企业应做到以下几点。

进一步探索低(无)VOCs 原辅材料的使用可能性,研究高固体分油墨、

水性油墨替代及其他低(无)VOCs 原辅材料替代的可能性;

加强过程控制,尽可能减少因操作不当造成的无组织排放,提升捕集效率,降低挥发性有机物的排放量;

末端处理设施的精细化管理,例如:废气处理设施在生产设施启动前开机,生产设施停车后,将存积的气态污染物净化处理后再停机;设定控制指标,按照计划维修检查表定期检查废气处理设施并适时进行保养维护;连续测量、记录蓄热式热氧化炉的运行温度,设置在线监测系统监控 VOCs 排放浓度;确定活性炭的饱和吸附容量以及及时更换活性炭等。在保证末端处理设施稳定运行的同时,提升其去除效率。

7.3.2 案例 2

1. 项目概况

企业现有 PVC 吹膜车间、PE 吹膜车间、凹印车间、柔印车间、分条车间、凹印后加工车间和柔印后加工车间,其实景图如图 7-8 所示。企业的主要产品有 PVC 薄膜、PE 薄膜、PVC/PET/OPS 标签、OPP 标签、PE 收缩膜和 PE 卫生包装用品等几大类产品。其中可能涉及 VOCs 排放的车间为 PVC 吹膜车间、凹印车间和柔印车间,目前对柔印生产线的 3 台柔印机及凹印生产线的 4 台凹印机的排风统一归并后,采取沸石轮转浓缩+蓄热式热氧化炉进行废气处理;清洗间、调墨间设置更换式颗粒活性炭吸附装置 4 套,总风量为 23 409 m³/h。

2. 工艺流程

由于该企业 VOCs 排放的主要环节存在于 PVC 标签、PE 标签和 OPP 标签的生产过程中,所以针对这三条生产线进行详细描述。

(1) PVC 标签生产

PVC 标签生产是将 PVC 粉料和其他添加剂搅拌混匀后,通过加热熔融吹膜,采用凹印工艺印上图案,经烘箱烘干后冷却收卷的过程,具体流程见图 7-9。凹印是一种直接印刷方法,具有印刷品墨层厚实、墨色表现力强、色调丰富、印刷质量好、印版耐印力高的优点。凹印生产工艺原理如图 7-10 所示。

PVC吹膜车间

凹印车间

柔印车间

PE吹膜车间

凹印后加工车间

柔印后加工车间

分条车间

图 7－8　各类车间实景图

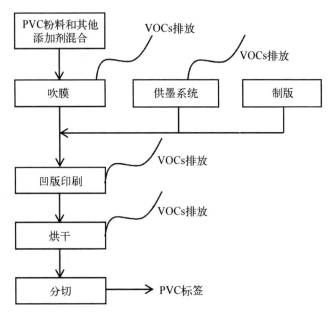

图 7-9　PVC 标签生产工艺流程图

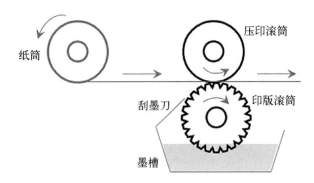

图 7-10　凹印生产工艺原理示意图

（2）PE 标签生产

PE 标签生产也是将 PE 粒料与其他添加剂搅拌混匀后,通过加热熔融吹膜,采用柔印工艺印刷,经烘箱烘干后冷却收卷的过程,具体流程见图 7-11。柔印是一种直接印刷方式,由于使用具有弹性、凸起的图像印版而称为柔性版印刷。柔性版印刷的印版黏固在印版滚筒上,印版由一根雕刻的陶瓷网纹辊供墨。由于柔性版有很大的弹性,所以能将液体或脂状油墨转移到几乎所有类型的材料上。

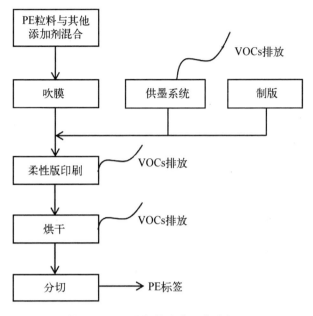

图 7-11　PE 标签生产工艺流程图

（3）OPP 标签生产

OPP 标签生产是通过凹印工艺处理 OPP 膜,经烘箱烘干后冷却收卷的过程,具体流程见图 7-12。

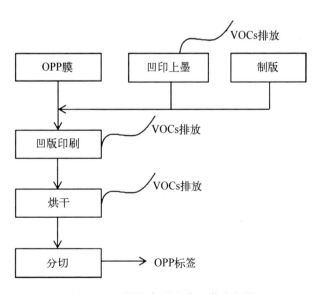

图 7-12　OPP 标签生产工艺流程图

3. 控制方案

印刷工艺主要有平版印刷、凸版印刷(如柔性版印刷)、凹版印刷和孔版印刷。不同印刷工艺的 VOCs 来源和排放方式基本相同。不同印刷工艺的 VOCs 均来源于所使用的油墨及稀释剂(印刷不透气的承印物时需添加稀释剂,如金属印刷、塑料印刷)、复合用胶黏剂(仅限于部分存在复合工艺的印刷企业)及设备清洗剂。不同印刷工艺的 VOCs 排放环节有溶剂储存、调墨过程、印刷过程、烘干过程及设备清洗过程等。不同产污环节的具体污染物情况见表 7-10。

表 7-10 不同产污环节的具体污染物情况

产污位置	产污环节	污染源	主要污染物	排放方式
印刷机台	印刷	油墨、稀释剂	VOCs、颗粒物	无组织排放
	润版	润版液		
	清洗	清洗剂		
烘箱	印刷烘干	油墨、稀释剂	VOCs	
调墨间或印刷机台	调墨	油墨、稀释剂		
	供墨			
复合机、覆膜机、上光机、涂布机等	涂胶、上光、涂布等	复合胶、覆膜胶、上光油、涂料、稀释剂等		
烘箱	烘干			
胶黏剂、上光油、涂料调配间或机器旁	调胶	复合胶、覆膜胶、上光油、涂料、稀释剂等		
生产车间、危废房	危废转移、储存过程	废油墨、废清洗剂、废胶等		

该企业对涉及 VOCs 排放的不同环节的处理方案如下。

（1）溶剂储存

由于印刷过程中使用的溶剂量较大,企业通常会设有储罐区用于储存树脂或树脂溶液。储罐有内浮顶罐和固定顶罐两种。但由于储罐的规模通常不大,因此大部分企业使用固定顶罐。储存环节的 VOCs 的排放包括两部分,一是大呼吸排放,即从槽车灌装到储罐的过程中,饱和蒸汽通过泄压阀置换释放,大呼吸排放还包括在液体使用过程中,液面下降导致的储罐内气体再次饱和而释放部分 VOCs。二是小呼吸排放,是日常温度、压力发生变化导致的。

目前该企业对于槽罐仓库 VOCs 的处理方案是在槽罐上安装蒸汽平衡管及活性炭处理设施。油墨、清洗剂、有机溶剂等含 VOCs 的原辅材料在非即用状态时,及时加盖密封并存放于安全、合规的场所。在油墨运输过程中保持密闭,另外油墨在印刷机台使用时改变原有的储存方式,制作了专门的密封油墨储存桶替代原有的调墨桶,减少了 VOCs 的无组织排放。

（2）调墨过程

油墨的调配是印刷过程中的重要环节之一,油墨调配的好坏,直接影响印刷成品的质量,但在油墨调配过程中同样也面临着大量 VOCs 无组织排放问题。

企业已设置专用的调墨间用于油墨调配,提高自动配墨量,并且配备了集中调墨系统。集中调墨系统承担了约30%的油墨调配量。企业通过制订规章制度减少油墨、胶黏剂等的手工调配量,缩短现场调配和待用的时间;保证柔印的油墨供墨区密闭,通过集气罩收集 VOCs 并使之进入末端治理设施进行处理。

（3）印刷过程

印刷过程中凹版印刷、凸版印刷工艺使用大量的溶剂型油墨,若 VOCs 废气未及时收集处理,直接排放到空气中,则会给环境带来大量污染。该企业目前将柔印车间3套柔印生产线的排风合并后统一处理,同时优化操作过程,密闭油墨桶,将捕集效率由原来的68.96%提高到70%。对于凹印车间的8套凹印生产线,通过改进工艺,使用单一溶剂后采用溶剂回用设施+蓄热式热氧化炉处理;对于配色中心、洗版车间、大柔印溶剂回收车间、危废仓库计划设置更换式颗粒活性炭吸附装置。

印刷过程中采用单一溶剂替代现有的混合溶剂进行凹印生产,采用单一溶剂有利于减少溶剂的逃逸量,并且末端治理设施可采用溶剂回用设施。为减少柔印车间溶剂在印刷中的逃逸,对现有的溶剂体系进行调整,将原来4∶1的溶剂改成8∶11的溶剂,在满足印刷条件的前提下降低了溶剂的挥发速度。

(4)烘干过程

温度和湿度是对 VOCs 的挥发起重要作用的两个环境参数。各印刷车间中不同加工工序温度、湿度的变化是不一致的,这会直接影响 VOCs 排放浓度。现代印刷设备为追求生产效率,均配备有快速烘干装置,不同印刷工艺需要不同的烘干温度和吹风量,这些参数会显著影响 VOCs 在印刷介质中的残留量。

柔印机及凹印机的烘干废气目前均由废气收集系统收集,其中凹印机的烘干废气经过收集由楼顶的活性炭吸附浓缩催化燃烧设施处理后通过18 m 高的烟囱排放,柔印机的烘干废气经收集后和印刷废气合并,通过楼顶的烟囱直接排放。

(5)设备清洗过程

设备清洗是印刷过程的重要环节。当产品品种更换时,分散、研磨设备都需要清洗;采用桶和泵加料时,需要对桶和泵等设备定期进行清洗。主体设备的清洗过程需要启动抽风系统,VOCs 被收集后进入处理系统,该过程为有组织排放。

该企业设置了专用的印版清洗间,用于清洗生产过程中的设备,同时将原来的快干溶剂乙酸乙酯改成慢干溶剂乙酸丙酯,并且对清洗溶剂进行回收。根据生产需要,合理控制油墨清洗剂的使用,避免一次性大量使用清洗剂。根据工作流程规定清洗剂的使用量,使清洗工作标准化。该措施一年可节约 20 t 溶剂,其中回收 10 t 溶剂。

4. 效果评估

(1)环境效益核算

该企业在用储罐有 5 座,位于室内,气温变化较小,主要用于储存凹印和柔印用稀释剂。这些储罐采用槽罐车灌装,在灌装过程中产生大呼吸排放,在储存过程中由于存在温度变化,产生了小呼吸排放。储罐基本情况见表 7－11。

表 7－11　储罐基本情况

存放区域	储罐数量/座	储罐类型	直径/m	长度/m	单个容量/t	存放液体	年存储量/t
溶剂储罐区	3	卧式	1.8	4.1	10	凹印无苯混合溶剂	1 672
	1	卧式	1.8	4.1	10	乙酸乙酯	648.76
	1	卧式	1.8	4.1	10	柔印醇类溶剂	287.7

根据 TANK4.0.9 模型计算储罐呼吸排放量,其中凹印无苯混合溶剂采用 1∶1 的乙酸乙酯与异丙醇的混合液,柔印醇类溶剂为异丙醇。计算得储罐呼吸排放量为 1.54 t,详见表 7－12。

表 7－12　储罐呼吸排放量

存放区域	储罐数量/座	储罐类型	存放液体	年存储量/t	呼吸排放量/t
溶剂储罐区	3	卧式	凹印无苯混合溶剂	1 672	1.16
	1	卧式	乙酸乙酯	648.76	0.32
	1	卧式	柔印醇类溶剂	287.7	0.06

VOCs 排放量的核算方法主要参照《上海市工业企业挥发性有机物排放量通用计算方法(试行)》,印刷作业的 VOCs 产生量按式(7－2)估算。

$$E = \sum \left[I_i \times W_i \times (1 - C_i \times R_i) \right] \times 1\,000 - O_p - O_s - O_w \quad (7-2)$$

式中,E 为厂区印刷作业的 VOCs 产生量,kg;I_i 为第 i 种含 VOCs 原辅材料的耗用量,t;W_i 为第 i 种含 VOCs 原辅材料的 VOCs 含量,%,油墨 VOCs 含量按典型实测的挥发分计算,稀释剂按 100% 计;C_i 为第 i 种含 VOCs 原辅材料散发的 VOCs 捕集效率,%,$C_i = 90\%$;R_i 为第 i 种含 VOCs 原辅材料散发的 VOCs 去除效率,%;O_w 为废水中 VOCs 的含量,t;O_s 为废弃物或废溶剂中 VOCs 的含量,t;O_p 为产品中 VOCs 的残留量,t。若无法获取印刷后产品中 VOCs 的残留数据,以及废水、废弃物或废溶剂中 VOCs 的含量数据,可认为 VOCs 全部在企业内挥发,设定 O_w、O_s、O_p 均为 0。

根据式(7-2),企业所使用的原辅材料的 VOCs 年总产生量为 3 554.16 t,其中柔印阶段产生 402.97 t,凹印阶段产生 3 151.19 t,详见表 7-13。

表 7-13　厂区原辅材料 VOCs 产生情况

印刷工艺	使用材料	年用量/t	VOCs 含量	VOCs 产生量 /(t/a)
凹 印	凹印油墨	1 461.4	50.15%	732.89
	涂布液	180.0	40%	72.00
	凹印溶剂	2 320.8	100%	2 320.80
	洗车水	150.0	17%	25.50
	小　计	4 112.2	—	3 151.19
柔 印	柔印油墨	212.3	40.87%	86.77
	涂布液	50.0	40%	20.00
	柔印溶剂	287.7	100%	287.70
	洗车水	50.0	17%	8.50
	小　计	600.0	—	402.97
合　计		3 554.16		

根据原辅材料使用量及捕集效率等参数进行计算,企业实施减排措施后,VOCs 排放量由原来的 3 555.71 t/a(包含储罐的呼吸收集、处置、排放),减少到 1 186.008 t/a(其中有组织排放为 126.404 t/a,逸散排放为 1 059.605 t/a),减排量为 2 369.702 t/a,减排效率为 66.64%,详见表 7-14。

表 7 - 14 2014 年企业 VOCs 物料平衡详表

印刷工艺	工序	VOCs 产生量 /(t/a)	捕集效率/%	去除效率/%	有组织排放 /(t/a)	逸散排放 /(t/a)	减排量 /(t/a)
凹版印刷	印刷	3 053.67	70	95	106.878	916.101	2 030.691
	涂布	72	70	95	2.520	21.600	47.880
	洗车	25.5	90	90	2.295	2.550	20.655
	储存	1.48	90	90	0.133	0.148	1.199
	小计	3 152.65	—	—	111.826	940.399	2 100.425
柔性版印刷	印刷	374.5	70	95	13.108	112.350	249.043
	涂布	20	70	95	0.700	6.000	13.300
	洗车	8.5	90	90	0.765	0.850	6.885
	储存	0.06	90	90	0.005	0.006	0.049
	小计	403.06	—	—	14.578	119.206	269.277
合 计		3 555.71	—	—	126.404	1 059.605	2 369.702

（2）合规性分析

实施上述措施后，柔印车间采用一套沸石轮转+蓄热燃烧设施，凹印车间采用一套溶剂回用设施或者蓄热式热氧化炉。项目实施后，有组织排放能达到标准（DB 31/872—2015），合规性分析详见表 7 - 15。

表 7 - 15 合规性分析

排放源	处理风量 /(m³/h)	处理浓度 /(mg/m³)	处理效率 /%	排放浓度 /(mg/m³)	排放速率 /(kg/h)
柔 印	65 000	942	95	47.1	2.826
凹 印	350 000	688	95	34.4	13.76

5. 最优控制路径

（1）原辅材料替代技术

使用低 VOCs 或无 VOCs 的环保油墨、胶黏剂以及清洗剂等原辅材料，从工艺的源头减少原辅材料的 VOCs 含量，可有效地达到 VOCs 减排的目的。

① 植物油基胶印油墨替代技术

植物油基胶印油墨以植物油脂作为连接料，加入颜料、水和助剂等原料配制而成，可替代矿物油基胶印油墨，从而减少油墨 VOCs 的产生量。目前应用的连接料主要包括大豆油、菜籽油、棉籽油、葵花籽油、红花籽油和柯罗纳油等，其中最常用的是大豆油。热固轮转植物油基胶印油墨的 VOCs 含量宜小于等于 5%，单张纸或冷固轮转植物油基胶印油墨的 VOCs 含量宜小于等于 2%。该技术适用于所有可吸收性材料的平版印刷工艺。

② 无/低醇润湿液替代技术

采用无/低醇润湿液替代传统润湿液原液和润湿液添加剂（主要为乙醇或异丙醇），可减少润湿液 VOCs 的产生量。无/低醇润湿液原液中 VOCs 含量宜小于等于 10%。无醇润湿液中添加剂的添加量为零，低醇润湿液中添加剂的添加量宜小于等于 2%。用无/低醇润湿液替代传统润湿液可减少润版工序中 VOCs 产生量的 50%~90%。低醇润湿液适用于所有平版胶印工艺，无醇润湿液适用于书刊、报纸及本册的印刷工艺。

③ 能量固化油墨替代技术

能量固化油墨是借助能量（主要包括紫外光和电子束）照射，使油墨内的连接料发生交联反应，从而使油墨状态由液态转变为固态的油墨。这种油墨可替代溶剂型油墨，减少油墨的 VOCs 产生量，应用较广的是紫外光（UV）固化油墨。紫外-发光二极管（UV-LED）固化是目前较先进的 UV 固化方式，可以减少臭氧的产生。能量固化油墨的 VOCs 含量小于等于 2%，用能量固化油墨替代溶剂型油墨可减少 VOCs 产生量的 80%以上。该技术适用于平版、凸版及丝网印刷方式，应用于标签、票证、纸包装、金属等的印刷工艺,不能应用于直接接触食品的产品的印刷工艺。

④ 水性凹印油墨替代技术

水性凹印油墨是由水溶性连接料、颜料、水、辅助有机溶剂以及助剂组成的油墨,可替代溶剂型凹印油墨,减少油墨的 VOCs 产生量。辅助有机溶剂一般为醇类和醚类。目前水性凹印油墨的印刷性能、附着性能、印刷品质(指薄膜基材)仍比溶剂型凹印油墨的差。水性凹印油墨的 VOCs 含量小于等于 30%,用水性凹印油墨替代溶剂型凹印油墨可减少 VOCs 产生量的 30%~80%。该技术适用于塑料轻包装及纸张的凹版印刷工艺等。

⑤ 水性凸印油墨替代技术

水性凸印油墨是由连接料、颜料、水、助剂组成的油墨,仅用水作为稀释剂,可替代溶剂型凸印油墨,减少油墨的 VOCs 产生量。该技术适用于凸版印刷,凸版印刷工艺油墨耗用量少,适合采用水性凸印油墨。水性凸印油墨的 VOCs 含量小于等于 10%,用水性凸印油墨替代溶剂型凸印油墨可减少 VOCs 产生量的 80%以上。该技术适用于纸包装、标签、票证、塑料包装、铝罐等的印刷工艺。

⑥ 水性胶黏剂替代技术

水性胶黏剂是以水作为分散介质,由基料、固化剂、促进剂、交联剂、填料、助剂等组成的胶黏剂,可替代溶剂型胶黏剂,减少胶黏剂的 VOCs 产生量。水性胶黏剂的基料类型主要包括水性聚乙酸乙烯酯、水性丙烯酸酯、水性聚氨酯等。水性胶黏剂的 VOCs 含量小于等于 5%,用水性胶黏剂替代溶剂型胶黏剂可减少 VOCs 产生量的 90%以上。该技术适用于轻包装制品,如方便面、膨化食品包装的覆膜工艺,以及纸包装的复合工艺。

⑦ 水性上光油替代技术

水性上光油是由丙烯酸树脂乳液、水、助剂以及石蜡微粒等组成的上光油,可替代溶剂型上光油,减少上光油的 VOCs 产生量。水性上光油的 VOCs 含量小于等于 3%,用水性上光油替代溶剂型上光油可减少 VOCs 产生量的 90%以上。该技术适用于书刊、画册等纸张印刷的上光工艺。

⑧ UV 上光油替代技术

UV 上光油是借助于紫外光照射,使上光油内的连接料发生交联反应,由液态转变为固态的上光油,可替代溶剂型上光油,减少上光油 VOCs 的产生量。UV 上光油的 VOCs 含量小于等于 3%,用 UV 上光油替代溶剂型上光油可减少 VOCs 产生量的 90% 以上。该技术适用于纸张、金属及塑料薄膜的上光工艺,不能应用于直接接触食品的产品的上光工艺。

(2)设备或工艺革新技术

① 自动橡皮布清洗技术

该技术适用于平版印刷橡皮布的清洗,通过印刷机自动橡皮布清洗装置,使无纺布或毛刷辊与橡皮滚筒表面接触并高速摩擦,达到清洗的目的。与人工清洗工艺相比,该技术可减少清洗剂使用量的 30% 以上,从而减少废清洗剂及废擦机布等危险废弃物的产生量,并能够缩短清洗时间,提高生产效率。

② 零醇润版胶印技术

该技术适用于报纸、书刊等的平版胶印工艺。改造平版胶印机的水辊系统(由计量辊、串水辊、靠版水辊及水斗辊组成),由不含 VOCs 的润湿液替代传统润湿液达到润版功能。该技术可避免润版工序中 VOCs 的产生。采用该技术需投入印刷机水辊系统的一次性改造费用及定期更换水辊的耗材费用。

③ 无水胶印技术

该技术适用于书刊、标签等的平版胶印工艺,无须使用润湿液进行润版,采用不亲墨的硅胶表面印版、特殊油墨和一套控温系统来实现印刷。该技术可避免润版工序中水的使用及 VOCs 的产生。该技术对环境的温度要求较高,油墨传输过程需要冷却处理。采用该技术需使用专门的制版机、版材及油墨,成本较有水印刷高 20%~30%。

④ 无溶剂复合技术

该技术适用于包装印刷的复合工序,使用聚氨酯胶黏剂,通过固化反应将不同材料黏结在一起,从而获得新的功能性材料。聚氨酯胶黏剂通

常有双组分聚氨酯胶黏剂和单组分聚氨酯胶黏剂两类。对于软包装,常
采用双组分聚氨酯胶黏剂;对于纸塑复合包装,常采用单组分聚氨酯胶黏
剂。该技术除在胶辊、混胶部件的清洗时使用少量乙酸乙酯外,不使用其
他含 VOCs 的原辅材料。与干复工艺相比,该技术可减少 VOCs 产生量的
99%以上。

⑤ 共挤出复合技术

该技术适用于包装印刷的复合膜生产工序。该技术采用两台或两台以
上挤出机,将不同品种的树脂从一个模头中一次挤出成膜,在工艺过程中不
使用胶黏剂等含 VOCs 的原辅材料,可减少 VOCs 的产生量。该技术只能
用于热熔塑料与塑料复合包装,其产品材料的组合形式相对较少,适用范围
较小。

⑥ 计算机直接制版(CTP)技术

该技术适用于平版印刷制版工序,无须胶片制作及传统晒版工序;与传
统分色胶片制版技术相比,可大幅减少显影废液及定影废液的产生,减少资
源和能源消耗。

(3) 过程控制技术

印刷行业的过程控制技术主要集中在减少 VOCs 的自然挥发、逸散、无
组织排放,优化调整 VOCs 废气的风量、浓度,便于末端处理设施更高效、经
济地运行。通过对生产过程中的工艺、设备、管理体系等进行改造和控制,
从而实现减少末端 VOCs 的排放。主要控制措施如下。

① 规范原辅材料的调配与转运。溶剂型涂料、稀释剂等调配作业在独
立密闭空间内完成。采用集中供料系统,无集中供料系统时原辅材料转运
应采用密闭容器封存,缩短转运路径。在储罐上加装平衡管,降低槽罐车加
料和卸料过程以及储罐的正常呼吸过程导致的溶剂挥发;储罐排空管需连
接末端处理系统(加装阻火器),避免直接排放。

② 规范原辅材料的使用与回收。禁止敞开式涂装作业,以及露天和敞
开式晾干(特殊情况除外)。所有涂装作业应尽量在有效的 VOCs 收集系统
的密闭空间内负压进行,无集中供料系统的浸涂、辊涂、淋涂等作业应采用
密闭的泵送供料系统。应设置密闭的物料回收系统,淋涂作业应采取有效

措施收集滴落的涂料,涂装作业结束后应将剩余的所有涂料及含 VOCs 的原辅材料送回调配间或储存间。

③ 调配、转运、使用与回收过程中产生的废涂料桶、废溶剂、水帘机废渣等危险废弃物的处理,应符合危险废弃物处理的相关规定。

④ 优化 VOCs 废气的风量和浓度。凹印机、干复机等可以采用减风增浓技术,目前减风增浓技术可以归类为 3 种基本模式,即串联式减风、并联式减风和平衡式减风,其他减风增浓技术都是这三种减风增浓技术的组合或变种。

⑤ 建立完善的 VOCs 废气收集系统,增加 VOCs 逸散废气的捕集效率,减少无组织排放。集气设施应考虑科学设计,不应一味加大排风量。建议有能力的企业对有 VOCs 排放的车间进行负压改造,或建造局部围风工程,优化通风系统,变无组织排放为有组织排放并建立印刷、烘干和复合工序废气集中收集系统。

7.3.3 案例 3

1. 项目概况

某印刷企业具有年产包装纸盒 18 000 t 的生产能力,可生产纸包装品、广告宣传品和食品包装盒等。企业建成投产后,由于部分生产设备印刷速度较慢、能耗较高、无法满足生产工艺要求,为扩大企业产品产能,同时推动企业智能化转型,将进行智能技术改造,并实施低 VOCs 原辅材料替代,以实现技术突破和降低制造成本的目标,同时优化厂区环境保护设施。

2. 工艺流程

包装纸盒生产工艺流程在胶印车间及印后车间内生产完成,如图 7－13 所示。

(1) 制版:通过制版设备(CTP 系统、制版机和晒版机等)将图文信息转变为数字信号,并进行显影,生成可上机印刷的印版。制版机需定期更换显影液,PS 版为一次性使用材料,晒版机需定期清洗。

(2) 调墨:根据产品需要,工人使用同种型号、不同颜色的油墨进行搅

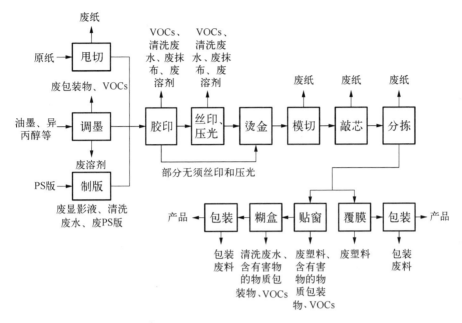

图 7-13　包装纸盒生产工艺流程

拌混合,调配好的油墨供胶印机使用。

(3)甩切:将外购原纸进行分切。

(4)胶印:采取六色印刷,利用水墨平衡的原理,把印版上的图文信息转移到纸张上,批量复制原稿内容。印刷机的墨辊需要每日维护,首先用经洗车水润湿的抹布擦拭,然后用自来水清洗。

(5)丝印:即丝网印刷,丝网印刷机使用上光油进行印刷,不使用油墨。丝网需定期维护,即采用经洗网水润湿的抹布擦拭。

(6)压光:通过压光机在压力和温度(75~110℃)的作用下,将上光油贴附在纸张表面,形成一层光亮的表面层。压光机需定期采用经洗车水润湿的抹布擦拭。

(7)烫金:通过烫金机在压力和温度(80~140℃)的作用下,将电化铝箔烫印在纸张表面。

(8)模切:根据产品尺寸的需要进行裁切。

(9)敲芯:通过压缩空气的压力将印版边缘的边角料与产品分离。

(10)分拣:通过检品机,将有质量问题的产品挑出。

（11）覆膜、包装：将透明塑料膜贴到印刷品表面，起到保护产品及增加光泽的作用，然后包装，即为产品。

（12）贴窗、糊盒、包装：对于包装盒类产品，贴窗是开窗纸盒的贴膜，糊盒是将半成品的纸盒折叠、黏合并压平，然后包装，即为产品。

结合生产工艺可发现，企业的主要 VOCs 产生源在胶印车间及印后车间。胶印车间及印后车间 VOCs 废气的产生节点、处理方式和排放去向如表 7 - 16 所示。

表 7 - 16　胶印车间及印后车间 VOCs 废气的产生节点、处理方式和排放去向

序号	废气类型	生产工序	废气产生节点	处理方式和排放去向
1	调墨废气	调墨	调墨间	用活性炭吸附处理后，经 15 m 高的排气筒排放
2	印刷废气	胶印、丝印、压光	胶印工序、丝印工序、压光工序	
3	贴窗废气	贴窗	贴窗工序	
4	糊盒废气	糊盒	糊盒工序	

有组织排放源检测数据如表 7 - 17 所示。

表 7 - 17　有组织排放源检测数据

采样位置	检测项目	结　果	
		排放浓度/（mg/m³）	排放速率/（kg/h）
1#喷漆房排气筒	非甲烷总烃	88.7	6.805
	二甲苯	10.16	0.76
2#喷漆房排气筒	非甲烷总烃	57	4.435
	二甲苯	13.4	1.06

续　表

采样位置	检测项目	结　果	
		排放浓度/(mg/m³)	排放速率/(kg/h)
3#喷漆房排气筒	非甲烷总烃	70.45	5.545
	二甲苯	15.85	1.25
烘房排气筒	非甲烷总烃	76.2	0.155
	二甲苯	1.605	0.004

无组织排放源检测数据如表 7 - 18 所示。

表 7 - 18　无组织排放源检测数据

采 样 位 置	检 测 项 目	结　果
		排放浓度/(mg/m³)
发泡工序附近	非甲烷总烃	1.82
	二甲苯	0.387
预清理工序附近	非甲烷总烃	2.19
	二甲苯	0.233
调漆间附近	非甲烷总烃	2.045
	二甲苯	0.253
烘房附近	非甲烷总烃	1.665
	二甲苯	0.445
泥子填补工序附近	非甲烷总烃	2.25
	二甲苯	0.263

经计算,喷涂车间 VOCs 的物料平衡汇总如图 7 - 14 所示。

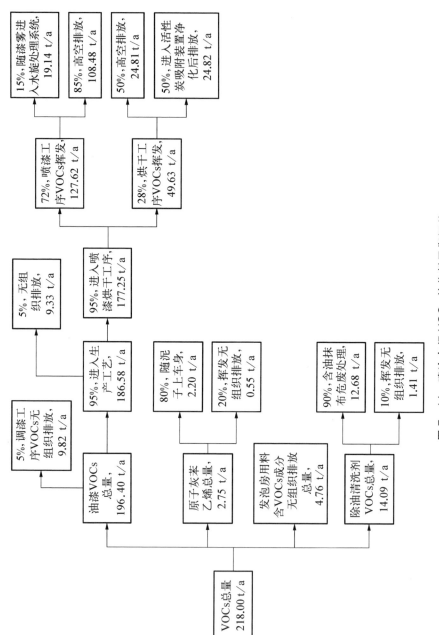

图 7 – 14　喷漆车间 VOCs 的物料平衡汇总

喷涂车间 VOCs 的产生和排放情况如表 7 - 19 所示。

表 7 - 19　喷涂车间 VOCs 的产生和排放情况

污染物	产生量/(t/a)	削减量/(t/a)	排放量/(t/a)	
			有组织排放	无组织排放
VOCs	218.00	58.84	133.29	25.87

3. 控制方案

（1）产量调整

为控制 VOCs 的排放，公司确定调整产量。改造后的产量为年产包装纸盒 18 000 t。

（2）原辅材料替代

喷涂车间的生产工艺流程基本保持不变。改造内容包括用洗车水替代汽油清洗印刷墨辊，用无醇润版液替代异丙醇润版液。改造后胶印车间和印后车间使用的原辅材料如表 7 - 20。

表 7 - 20　改造后胶印车间和印后车间使用的原辅材料

编号	名　称	主　要　成　分	涂料用量/(t/a)	挥发性有机分平均含量/%	VOCs 的含量/(t/a)
1	环氧底漆及固化剂	环氧底漆：环氧树脂（20%～30%），邻二甲苯（15%～20%），正丁醇（7.5%～10%），钛白粉（15%），三聚磷酸铝（5%～10%），硫酸钡（5%～10%）；固化剂：邻二甲苯（15%～20%），正丁醇（7.5%～10%），聚酰胺树脂（5%～10%）	16.87	26.25	4.43
2	中涂漆及固化剂	中涂漆：钛白粉（20%～30%），丙烯酸树脂（30%～40%），邻二甲苯（8%～15%），丙二醇甲醚丙酸酯（3%～8%），乙酸正丁酯（5%～10%），环己酮（0%～5%）；固化剂：邻二甲苯（8%～15%），丙二醇甲醚丙酸酯（3%～8%），乙酸正丁酯（5%～10%），环己酮（0%～5%），聚六亚甲基二异氰酸酯（10%～20%）	20.47	27	5.53

编号	名　称	主　要　成　分	涂料用量/(t/a)	挥发性有机分平均含量/%	VOCs的含量/(t/a)
3	水性面漆及固化剂	二甲基乙醇胺(0.5%～3%)，二丙二醇甲醚(2%～7%)，乙二醇丁醚(0.5%～2%)，丙二醇丁醚(0.1%～0.5%)，100号溶剂油(0.5%～2%)，光稳定剂(0.1%～0.5%)，非危害组分(70%～80%)	40.59	15	6.09
4	水性面漆稀释剂	正戊醇(5%～10%)，聚丙二醇(3%～5%)，丙酮(0.3%～1%)，非危害组分(80%～90%)	3.25	16	0.52
5	修补面漆及固化剂	二甲基乙醇胺(0.5%～3%)，二丙二醇甲醚(2%～7%)，乙二醇丁醚(0.5%～2%)，丙二醇丁醚(0.1%～0.5%)，100号溶剂油(0.5%～2%)，光稳定剂(0.1%～0.5%)，非危害组分(70%～80%)	0.41	15	0.06
6	修补面漆稀释剂	正戊醇(5%～10%)，聚丙二醇(3%～5%)，丙酮(0.3%～1%)，非危害组分(80%～90%)	0.03	16	0.01
7	清漆	5-甲基-2-己酮(16%～26%)，1,2,4-三甲苯(5%～15%)，轻芳烃溶剂石脑油(石油)(5%～15%)，1,3,5-三甲苯(1%～4%)，乙酸正丁酯(1%～4%)，二甲苯(1%～4%)，乙酸(0.1%～1%)，丙苯(0.1%～1%)，癸二酸双(1,2,2,6,6-戊甲基-4-哌啶基)酯(0.1%～1%)，异丙苯(0.1%～1%)，乙苯(0.1%～1%)，2,3-环氧丙酯(0.1%～1%)，非危害组分(57%)	23.83	43	10.25
8	涂料稀释剂	邻二甲苯(50%～80%)，正丁醇(20%～50%)	48.38	100	48.38
9	小　计		153.83		75.27

续　表

编号	名　称	主　要　成　分	涂料用量/(t/a)	挥发性有机分平均含量/%	VOCs的含量/(t/a)
10	原子灰主剂	不饱和聚酯树脂(36.8%),苯乙烯(2.68%),异辛酸钴(0.74%),二甲基苯胺(0.074%),助剂(0.92%),滑石粉(57.2%),防沉剂(1.65%),阻聚剂(0.001%)	79.10	2.754	2.18
11	原子灰固化剂	过氧化环己酮和永固黄	1.58	—	—
12	发泡剂	A 料:俗称黑料,聚亚甲基聚苯基异氰酸酯(100%); B 料:俗称白料,聚醚多元醇(30%),磷酸三(2-氯丙基)酯(45%),2-二甲基乙醇胺(5%),四甲基二丙烯三胺(10%),环戊烷发泡剂(10%) (A、B 料使用的配比为 1∶1,其中 B 料中的 10%为 VOCs 成分)	75.60	5	3.78
13	除油清洗剂	邻二甲苯(45%~60%),丙二醇甲醚乙酸酯(10%~30%),乙酸正丁酯(20%~30%),环己酮(0~10%)	11.15	100	11.15
14	合　计		321.26		92.38

（3）生产车间末端治理

公司对全厂 VOCs 排放进行整治,新增 1 套再生活性炭吸附+冷凝系统,以及配套的废气收集装置,用于 VOCs 的净化处理。原有项目 VOCs 均进入该套废气处理装置内,处理风量为 30 000 m^3/h,废气经处理后通过 1 根 15 m 高的排气筒排放。

该废气处理装置的运行原理如下。

① 活性炭吸附:VOCs 通过管道进入活性炭吸附室,经吸附处理后通过 15 m 高的排气筒排放。

② 脱附:通过蒸汽发生器产生蒸汽,将蒸汽充入饱和的活性炭吸附室,

将 VOCs 全部挤出，挤出的 VOCs 进入冷凝装置。

③ 冷凝回收：脱附用蒸汽经冷却后储存，作为蒸汽冷却水。当 VOCs 进入冷凝装置，经 20℃的水（蒸汽冷却水）冷却后，VOCs 气体冷凝成液体并流入回收液储槽，未冷凝的气体被收集后重新进入活性炭吸附装置，回收液最终进入废水处理站处理。

喷涂车间废气采用水旋处理后排放，部分烘房废气通过活性炭吸附处理排放，其余烘房、发泡、泥子填补、修补及预清理工序均为车间无组织排放。改造后，生产工序中主要有来自车身发泡、预清理、喷漆（包括底漆、中涂漆、底色面漆、清漆喷涂）、泥子填补、烘干（包括底漆、泥子、中涂漆、底色面漆、清漆干燥）、修补过程产生的有组织废气。另外，调漆间的涂料调配也产生 VOCs。

喷漆、烘干、调漆、发泡、预清理、泥子填补、修补废气采用的废气净化方案如下。

① 2#、3#喷漆室分别用于零件的面漆喷涂和整车彩条漆的面漆喷涂，原辅材料使用水性涂料。经计算，2#、3#喷漆室 VOCs 的年产生量较少，分别为 0.46 t 和 1.37 t，故 2#、3#喷漆室产生的喷涂废气经水旋处理系统处理后，通过 20 m 高的排气筒排放。

② 1#、4#喷漆室分别用于整车的底漆、中涂漆喷涂和整车的面漆、清漆喷涂，原辅材料使用溶剂型涂料。经计算，1#、4#喷漆室 VOCs 的年产生量分别为 26.54 t 和 13.01 t。1#、4#喷漆室产生的喷涂废气通过水旋处理系统处理后，与调漆间调漆废气汇集进入沸石轮转吸附装置处理区（前置过滤器）吸附净化，通过 20 m 高的排气筒排放。

③ 沸石轮转脱附废气引自 1#、4#喷漆室的喷涂废气，使用常温的喷涂废气对冷却区进行冷却换热。

④ 1#~8#烘房产生的烘干废气通过废气管道收集后，进入蓄热式热氧化炉处理装置，经燃烧净化处理后通过排气筒高空排放。

⑤ 发泡、预清理、泥子填补、修补废气经收集后通过活性炭吸附净化装置+催化燃烧装置处理后经排气筒高空排放。

VOCs 产生节点、处理方式和排污流向见表 7-21。

表 7 – 21　VOCs 产生节点、处理方式和排污流向

序号	废 气 类 型	生产工序	废气产生节点	废气处理方式	排 污 流 向
1	1#喷漆室喷涂废气	喷漆	1#喷漆室	水旋喷漆系统 + 沸石轮转吸附装置	经 20 m 高的排气筒排放
2	4#喷漆室喷涂废气	喷漆	4#喷漆室	沸石轮转吸附装置	
3	调漆间调漆废气	涂料调配	调漆间	水旋处理系统	
4	2#喷漆室喷涂废气	喷漆	2#喷漆室	水旋处理系统	
5	3#喷漆室喷涂废气	喷漆	3#喷漆室	蓄热式热氧化炉处理装置	经 15 m 高的排气筒排放
6	1#~8#烘房烘干废气	烘干	1#~8#烘房		
7	沸石轮转脱附废气	—	沸石轮转吸附装置		
8	发泡废气	发泡	发泡房	活性炭吸附净化装置 + 催化燃烧装置	经 15 m 高的排气筒排放
9	预清理废气	除油清洗	预清理间	活性炭吸附净化装置 + 催化燃烧装置	经 20 m 高的排气筒排放
10	泥子填补废气	泥子填补	泥子填补间	活性炭吸附净化装置 + 催化燃烧装置	经 20 m 高的排气筒排放
11	修补废气	修补	修补间	活性炭吸附净化装置 + 催化燃烧装置	经 20 m 高的排气筒排放

第8章 印刷业绿色发展展望

8.1 印刷的定义及属性

印刷业在《国民经济行业分类》(GB/T 4754—2017)中属于印刷和记录媒介复制业。在《印刷业大气污染物排放标准》(DB 31/872—2015)中印刷被定义为使用模拟或数字的图像载体将呈色剂/色料(如油墨)转移到承印物上的复制过程。印刷的作用是呈现信息。而标准中印刷生产则定义为从事印刷以及印前的排版、制版、涂布,印后的上光、覆膜、烫箔等的生产活动。印刷的属性除了传播信息以外还包括功能性的包装等,因此印刷行业的绿色发展要从行业属性出发,在确保行业属性的前提下尽量绿色化、节能化、环保化。

8.2 印刷业绿色发展建议

2019 年国家新闻出版署、国家发展和改革委员会、工业和信息化部、生态环境部、国家市场监督管理总局印发了《关于推进印刷业绿色化发展的意见》。主要工作任务如下。

(1)推动完善印刷业绿色化发展的体制机制

完善《印刷业管理条例》等法律规章,加强质量管理,支持绿色发展。推行印刷业绿色产品合格评定制度,以第三方认证、自我声明等方式促进印刷业绿色化发展,按照《绿色产品标识使用管理办法》使用相关标识。

（2）推动建设京津冀印刷业协同发展先行区

贯彻落实《京津冀协同发展规划纲要》，按照《北京市出版物印刷服务首都核心功能建设升级指南》的具体要求，建设京津冀印刷业协同发展先行区。统一京津冀三地印刷企业的审批条件和流程；京津冀三地已获批的印刷企业可实现印刷资质互认，在有效期内搬迁的企业不再另行审批；提升京津冀三地印刷监管的信息化水平。

（3）推动建设长三角区域印刷业一体化发展创新高地和珠三角印刷业对外开放连接平台

贯彻落实《长江三角洲区域一体化发展规划纲要》，按照《长三角区域印刷业一体化发展升级指南》有关要求，加快建设长三角区域印刷业一体化发展创新高地。编制出台《珠三角印刷业发展升级指南》，推动建设珠三角印刷业对外开放连接平台。

（4）推动数字印刷新动能加快发展

建设扩容印刷智能制造测试线。支持数字印刷企业和互联网印刷服务平台发展。在按需印刷出版领域，选择一批印刷企业和出版单位开展印刷委托书、版权页和样本缴送管理等改革试点；在个性化包装领域，推广个性化定制、可变数据标签、场景化解决方案等的应用。

（5）推动完善印刷业绿色化发展的标准和技术支撑

完善印刷业绿色化发展的标准体系，加快印刷智能制造标准制定采信工作。推广使用绿色、环保、低碳的新技术、新工艺、新材料。出版物印刷企业采用低 VOCs 含量的油墨、胶黏剂、清洗剂等，排放浓度稳定达标且排放速率满足规定要求的，可不要求建设末端治理设施。推进包装装潢印刷企业，尤其是塑料软包装和印铁印刷企业的 VOCs 综合治理。

（6）推动印刷业绿色化发展重大项目的实施

培育、遴选、公布印刷业绿色化发展重大项目，加大对重大项目的支持力度。发挥项目带动作用，围绕印刷业绿色化发展的重点和难点，在印刷设备改造、加工工艺改进、原辅材料研发、环保设施建设等方面，加快建立以企业为主体、市场需求为导向、产学研用相结合的自主创新协同体系。

（7）推动成立中国印刷业创新基金

建立常态化、稳定的资金投入机制，推动成立中国印刷业创新基金。发挥基金的杠杆作用，对涉及印刷业发展的全局性、转折性、先导性重大项目进行战略投资，加快培育龙头骨干企业和优势产业集群，提高集约化发展水平。

从五部委的发文中可以看出管理层对绿色印刷的重视，从体制机制、示范建设、标准和技术等方面指出了印刷业绿色发展之路。根据五部委的意见，可以从以下几个方面对印刷行业绿色化进行创新。

8.2.1　消费

印刷的基本属性是传递信息，对于部分包装印刷产品，由于消费者过度注重印刷的精美质量，特别是塑料软包装印刷，因此生产者从生产的源头会使用大量的溶剂型油墨和原辅材料借以满足消费要求。现阶段，水性软包装油墨的产品也在逐步退出市场，由于油墨本身的特性，其印刷效果与传统溶剂型油墨相比尚不能一致，因此印刷的产品在精美程度上会相对较弱，但是并不影响印刷品传递信息的基本属性。所以对于印刷行业的 VOCs 减排，改变消费观念，不追求过于精美的印刷品，不追求过度包装，可以引导行业向绿色环保方向发展。

8.2.2　设计

印刷品在实现其功能前，会有设计环节。印刷品的设计目的一是传递信息，二是提高产品竞争力。如何设计出既环保又具有竞争力的产品，是印刷品设计减排的关键。使用浅版、减少印刷面积是 VOCs 减排的方向。

8.2.3　原辅材料

2020 年，国家发布了油墨、胶黏剂、清洗剂的含量限制，其中明确了低挥发的原辅材料的 VOCs 含量限值（表 8-1）。在生产过程中，采用低挥发的原辅材料，从源头上进行 VOCs 的减排是相对行之有效的方法。

表 8-1　印刷用原辅材料 VOCs 含量限值

原辅材料类型	品 种			限值	备注
油墨	溶剂型油墨	凹印油墨		≤75%	
		柔印油墨		≤75%	
		喷墨印刷油墨		≤95%	
		网印油墨		≤75%	
	水性油墨	凹印油墨	用于吸收性承印物的凹印油墨	≤15%	低挥发
			用于非吸收性承印物的凹印油墨	≤30%	低挥发
		柔印油墨	用于吸收性承印物的柔印油墨	≤5%	低挥发
			用于非吸收性承印物的柔印油墨	≤25%	低挥发
			喷墨印刷油墨	≤30%	低挥发
			网印油墨	≤30%	低挥发
		胶印油墨	单张纸胶印油墨	≤3%	低挥发
			冷固轮转油墨	≤3%	低挥发
			热固轮转油墨	≤10%	低挥发
		能量固化油墨	胶印油墨	≤2%	低挥发
			柔印油墨	≤5%	低挥发
			网印油墨	≤5%	低挥发
			喷墨印刷油墨	≤10%	低挥发
			凹印油墨	≤10%	低挥发
		雕刻印刷油墨		≤20%	低挥发

续　表

原辅材料类型	品　　　种		限值	备注
胶黏剂	溶剂型胶黏剂	氯丁橡胶类	≤600 g/L	
		苯乙烯-丁二烯-苯乙烯嵌段共聚物橡胶类	≤500 g/L	
		聚氨酯类	≤400 g/L	
		丙烯酸酯类	≤510 g/L	
		其他	≤500 g/L	
	水性胶黏剂	聚乙酸乙烯酯类	≤50 g/L	低挥发
		橡胶类	≤50 g/L	低挥发
		聚氨酯类	≤50 g/L	低挥发
		乙酸乙烯-乙烯共聚乳液类	≤50 g/L	低挥发
		丙烯酸酯类	≤50 g/L	低挥发
		其他	≤50 g/L	低挥发
	本体型胶黏剂	有机硅类	≤100 g/L	低挥发
		MS 类	≤50 g/L	低挥发
		聚氨酯类	≤50 g/L	低挥发
		热塑类	≤50 g/L	低挥发
		其他	≤50 g/L	低挥发
清洗剂	水基清洗剂		≤50 g/L	低挥发
	半水基清洗剂		≤300 g/L	
	低 VOCs 含量半水基清洗剂		≤100 g/L	低挥发
	有机溶剂		≤900 g/L	

8.2.4　生产设备及工艺

印刷行业的 VOCs 排放还与印刷工艺相关,对于不同的印刷工艺,建议进行不同的产业升级。

平版胶印:全面推广绿色印刷技术,结合使用绿色低挥发原辅材料进行替代,推广植物油基油墨、UV 油墨。

轮转胶印:全面推广绿色印刷技术,结合使用绿色低挥发原辅材料进行替代,推广轮转胶印末端配套热氧化 VOCs 处理工艺。

水性柔印:推广并控制异味排放。

溶剂型柔印:限制新建,已建项目可采用水性柔印替代,提升现有溶剂型柔印的减排效率。

水性凹印:推广并控制异味排放。

溶剂型凹印:限制新建,已建项目可采用水性、UV 凹印替代,控制现有溶剂型凹印减排效率。

水性、UV 丝网印刷:建议推广并控制异味排放。

溶剂型丝网印刷:限制新建并逐步淘汰现有溶剂型丝网印刷。

复合:限制新建溶剂型复合,发展无溶剂、水性、UV 复合,逐渐淘汰现有溶剂型复合。

致　　谢

　　本书的编写得到了上海市生态环境局、上海市环境科学研究院、上海市环境监测中心、上海市印刷行业协会、上海紫江(集团)有限公司、上海烟草包装印刷有限公司、上海金叶包装材料有限公司等相关单位领导和朋友的热心指导和悉心帮助,在此一并致谢。